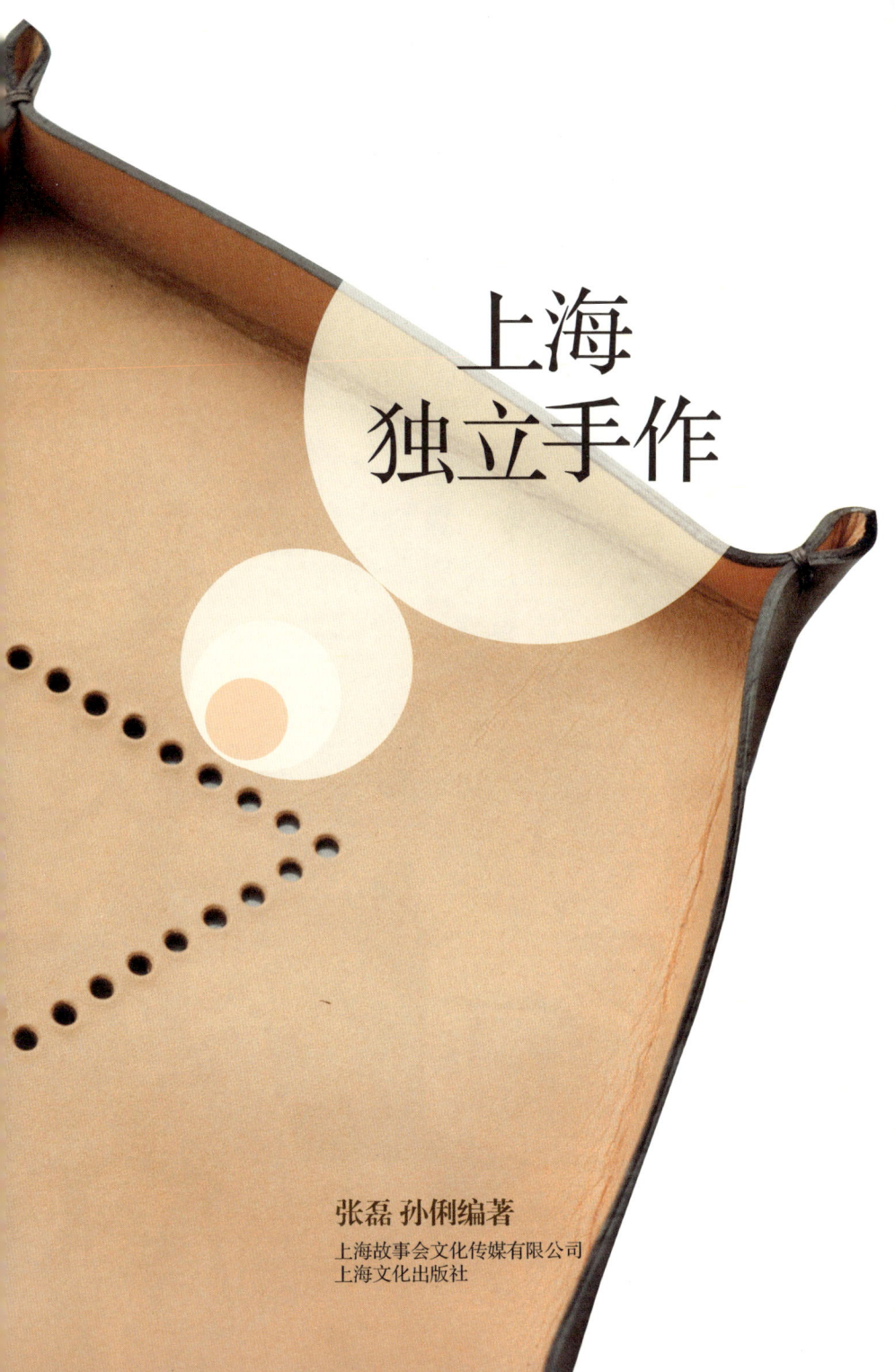

# 上海
# 独立手作

张磊 孙俐 编著

上海故事会文化传媒有限公司
上海文化出版社

# 目录

- 4　前言
- 7　xiaoxiao小小工作室
- 15　OSHADAI哦纱玳
- 24　GUOXU郭许
- 32　i.c.ology/c'est si BON
- 40　马良工作室
- 47　Wo&World艺术空间
- 54　YINGSTAR工作室
- 62　印物所
- 70　再造衣银行Reclothing Bank
- 81　不华
- 88　手羊毛工作室
- 96　顽童锔
- 104　KKtP/KIROIC/Kinkleworkshop
- 113　若谷手作
- 121　Dewpearl
- 130　作物
- 138　HAN pure handmade
- 146　JOYDIVISION
- 153　Kreuzzz
- 161　澄怀格物
- 170　Lunéville
- 181　Fete workshop&store

扫一扫，
分享手作带来的感悟与快乐

（注：文中标*的图片由手作人、设计师或工作室提供。）

前言

2015年底，我在上海师范大学美术学院召集并主持了四场以"都市民艺"为主题的设计文化讲堂，取得了不错的反响。所以2016年初的时候，同济大学出版社编辑张翠女士就介绍故事会文化传媒公司副总编辑杨婷女士约我见面，并咨询关于民艺出版选题的一些事宜。当时，故事会文化传媒公司正致力于重点出版项目"中华民族文化大系"丛书的编撰工作，之前也曾出版过许多台湾汉声作品。她们想在此基础上再做一些针对当下，尤其是年轻群体的民艺出版物。经过相互几番探讨，我们最后决定把方兴未艾的"手作"确定为选题方向。本书大约就缘起于此。

手作，或称手工、手造、手艺，既来源于人类原始的造物经验，也是近年来重获新生的文创概念。作为思想智慧、制作工艺和设计语言，手作在传统文化复兴和现代设计创新中均扮演着重要的角色。如今在文化政策和商业资源的合力推动下，除了以此为业的手作匠人，还有许多设计师、艺术家、创意人和爱好者投身其间并积累了不少实践成果。

历史上的手工艺在诞生之初大都与日常生活需求有着紧密的联系，工业化生产兴起以后，新的制造手段、审美观念和生活方式都对手工艺传统形成了严峻的挑战。无论是以美为目的英国工艺美术运动，还是以实用为宗旨的日本民艺运动，都是对这种挑战的有力回应。而国内在50年代以后，传统手工艺被以"工艺美术"或"特种工艺"的名义限制在某种特定的语境内解读，逐渐变为了材珍艺绝的观赏品和收藏品，也就脱离了广泛和基本的生活需求。目前，各级政府都在花大力气发掘和振兴"非遗"项目，希望通过抢救、保护、传承、再造的种种举措，能够让这些沉淀了中华民族精神气质和文化基因的超凡技艺重新回归到现代生活之中。

与这种自上而下的宏大视角不同的是，本书更关注那些自下而上的乃至隐匿于日常生活中的微小作为。我们更愿意将这些个人化的、自发性的手作形态看作是一颗颗坚韧的种子，以此来勾勒出一张以新兴民艺精神为导向的城市生活网络。所以本书的22个选例并不将历史价值和技艺水准作为唯一准绳，而是从更具都市特征的生活基本面入手，通过具有创新自觉和生活态度的品类和项目展现出真正鲜活的手作文化。

本书的编撰体例不同于一般的访谈记录。我们是在每个精选案例的多次采写过程基础之上，以第一人称的视角重新撰稿，并经访谈对象确认后才刊布于众。希望这样的做法能为读者提供一种更为凝练、流畅和准确的阅读感受。

本书的编撰过程得到了许多师友的关心和帮助，尤其是担任推荐人的各位设计师、策展人、媒体人、艺术家和学者，他们为本书提供了关键性的采访线索和极有见地的观点。研究生卫怡秀、董瀚丰、李珺、郭梦远、董思雯、李睿畋、顾恒嘉、浦安原、谭新于、张静文承担了许多文字整理和图片摄影的工作，在此一并致谢。当然，最应该衷心感谢的是故事会文化传媒公司的编辑团队。在富有书香的绍兴路上，与杨婷、汪冬梅和王睿等编辑朋友们一边午餐，一边讨论书稿的时光令人感到非常愉悦。可以说，没有她们的诚意、远见和耐心，就不会有这本书的问世。

张磊
2017年11月28日

# xiaoxiao
# 小小工作室

**品类:** 陶瓷、家具、服装、布艺

——独立策展人、高岭（KAOLIN）陶艺平台联合创始人 顾青

不惊艳，小小的，亲切朴素，又满足日常生活所需，这些元素构成代岛法子创造的物的世界，也成为她个人的注解。

代岛法子（Noriko Daishima） 60后天蝎座·日本东京人

## 我就是一个做东西的人

我从小就喜欢看书、画画。念高中的时候，课余在美术部学习过一阵。父母在政治团体工作，虽然他们不直接从事政治活动，但关注社会和人的态度对我有一定影响，比如思考如何解决社会问题和帮助贫穷的人。我在上海已经居住了十三年，现在一个人生活。

我1990年毕业于东京都埼玉县的独协大学,学的是德语文学专业,还在社会上参加过一年左右的室内设计培训。毕业以后的第一份工作是在一家连锁百货公司,主要做室内产品开发和销售。1997年加入株式会社良品计画,也就是无印良品。巧合的是,我在这两家公司分别都待了七年。无印良品是1989年创立的,当时的规模没有现在这么大。我在生活杂货部从事产品研发,负责室内纺织品和家具,有些产品现在仍在销售。那时的我不是一个单纯的产品设计师,而是担任"设计+研发"的角色。设计师一定要知道生产的过程,而研发者也要懂设计,在公司内部两个部门是联系在一起的。直到现在,我也不确定自己是不是设计师,因为我的日常工作覆盖了从原料到产品的全过程。如果非要有一个准确称呼的话,应该就是一个做东西的人。

离开无印良品是因为企业的发展理念与我的个人志向不太相同,我想专注于少量的手工制品,不想为了扩大利润而提高产能。于是就在2003年辞职了,决定搬到上海来长期生活。为此,先在上海的大学里上了一年的汉语课程。第二年,参与了一个建筑空间的项目策划。2005年,我在绍兴路开了一家"小小咖啡馆"。因为我觉得这座城市到处都在建设施工,工地吵吵闹闹,缺少休息的地方,于是就想提供这样一个空间,让人们可以静下心来想想工作是为了什么。那里不仅有很棒的咖啡,也不定期地举办小型展览和电影放映会等,传递一种轻松和文艺的生活观念。

我着手做木制家具也是从这个时期开始的,咖啡馆里摆放的都是我自己设计的榫卯结构的手工家具,接下来是蓝染布料与服装,陶瓷手工器皿是最晚开发的。咖啡馆运营了三年,后来因为房东的原因关张了。我就开设了这家名为"小小"的工作室,一开始在复兴路,后面陆续搬过两三个地方。现在的展示室是去年刚完成的,一般周日下午开门。展示室除了自己的东西,也陈列和代销一部分中国朋友的作品;另外还有一间工作室在泰安路上。

xiaoxiao工作室的标志——瓷鱼

## 差不多这样子就好

　　以独立的姿态开始杂货的设计与手作,是因为我在市场上找不到自己想要的生活用品。如今,大部分品牌商品都是为了销量和利润而生产,并不是为了真正必要的方便,市场中充斥着夸张的设计风格。另外,工业技术虽然可以达到娴熟的程度,但工人们做出来的东西都是一模一样的,没有感情。而我想做的是每一件都不一样的东西,就像每个人都有自己的性格。

拉坯成型、刷上白色泥浆的杯坯

我的作品追求一种被时间沉淀和打磨的感觉。要知道,用来做陶瓷的泥巴本身就要经过成千上万年才能形成,而一根好的木料也至少要耗费几十年的生长光阴。出于对原料质感和颜色的偏爱,我的家具都是直接采用工厂从老房子拆下来的旧木料,尽量不用钉子,工艺也不需要过度精致。日本的木工大师技艺非常棒,做出来的效果真的漂亮,可是有时候,我觉得并不需要那么完美。中国的工人可能达不到如此精致的程度,我反而喜欢这种不完美,就像人也是有缺陷的,虽然有一点点问题,整体还是好的。当然,这并不意味着工人不需要提高自己的技艺水平。工人们也有做好东西的意愿,只是一开始我们的标准可能存在差异,通过长时间沟通和交流,慢慢地就愈来愈好了。总之,个人的技艺需要逐步提高,但最后的效果差不多这样子就好。

我离开日本的时候,日本社会可供挑选的精美商品已经太多太多,那些都不需要我来做。然而,现在年轻人的生活压力越来越大,社会经济状况不景气,失业人数增加……面对这些影响心情的烦心事,我认为大家还是需要一些具有放松感和手感的杂货,那就由我来做吧!所以两年前,我在东京也开设了一间展示室,但销量没有中国好。中国客人比较宽容,可以接受这种不一样的个性,木托盘、陶瓷和T恤都很好卖;而日本客人则会惊讶于同一款产品所呈现出来的不同面貌,他们会问我为什么都是不一样的。

受动画和媒体的影响,现在有不少中国年轻人倾心日本文化,但我觉得中国其实也有很多优良工艺。就像草木染,中日两

展示室一角

代岛法子手绘的标牌

国的制作方法存在一些差异，蓝草植物原料和发酵程序都不尽相同，但最终效果差不多。江南的蓝印花布则是日本没有的。可能因为身处中国的缘故，我更喜欢用当地的工艺方法开发产品，我也想通过自己的作品让中国朋友感受到更多身边的好东西。

## 手作并不是一件简单的事情

第一次来上海是1994年，是为百货公司联系加工厂，还去了江苏南通、河北邢台和香港等地。那时的上海和现在完全不同，"东方明珠"还没有建起来，夜晚静悄悄的，很多区域外国人不能随便进去。在无印良品工作期间，我也曾多次来中国出差，跑了不少地方。有一次为了考察羊毛地毯加工业，从新疆阿尔泰的原料产地开始，由西往东一直跟到安徽的毛纺染织厂和上海的地毯织造厂。

在我的记忆里，90年代的中国人都很忙碌。尤其是大学生，他们忙于学习以及寻找好的工作机会。相比之下，现在的年轻人更愿意从事自己感兴趣的事，手作也因此重新流行起来。在城市化和经济的快速发展过程中，很多优秀的传统手艺遗憾地消失了。我觉得这是一个整体文化的修复过程，日本以前也有同样的情况。

手作反映的是一种真实的生活，也是每个人都可以从事的劳动，但我不主张一窝蜂地去DIY，因为并不是每个人都能做出适用的东西。手作人一定要对原料负责，对别人负责，努力做出好东西，不然就会造成太多的垃圾，好的原料也因此被浪费。

同时对手作而言，过于专门化的学习也是不够的。我认为陶艺就是一种永远的修行。技术方面可能学上十几年就可以过关了，可是如果不知道泥巴是从什么地方来的或者什么地方的土好，也同样做不出好东西。陶艺家除了研修美术和工艺,还要深入了解地理、历史、生物和环境等方方面面的知识。所以,手作并不是一件简单的事情,我自己也仍在不停地学习。

　　我对生活的要求是简单、自然就好,希望保持一种环保、节制和友善的生活方式。我对工作空间没有过高的要求,只在意整洁与干净,因为乱糟糟的周围环境会影响自己的状态。平时自己种菜、制衣,不用空调;工作中尽量少开机器,节约宝贵的物料和资源。在产品方面,如果没有发现其他必要的需求,我也不打算再增加新的品种。

　　东京的展示室开了以后,我一般三个月回去一趟,其余时间都在中国。每天的工作排得很满,上午在工作室做陶瓷,下午去工厂。木器和染织都需要用到一些工作室里没有的大型设备。上海青浦的一家工厂负责加工我设计的木制品,染织面料供应商在宁波,加工商在桐乡,所以我还必须经常出差,去和产地加工厂的师傅们沟通。在上海生活并不容易,我几乎全年都不休息。

**访谈时间:2016.06.19/2016.06.21**

# OSHADAI
# 哦纱玳

品类：家居、法式甜品咖啡、健身、服装、配饰

戴娣 60后双鱼座·江苏南通人

在"哦纱玳"的世界里，戴娣是一位有点蛮横却非常快乐的公主，那点蛮横是她捍卫创作自由的武器，而快乐正是获得自由的结果。

——新岱（中国）项目总监、策展人 谢品华

## 其实没有任何秘密

我毕业于无锡轻工大学（现江南大学）服装设计专业，1994年到2000年执教于苏州工艺美术学校（现苏州工艺美术职业技术学院），并担任服装设计教研室主任。当时，法国巴黎教育局与江苏省教育厅合办了一个中法江苏时装培训中心，我是中方负责人。这个项目历时三年，由于种种原因没有达

到预期的愿望，但彻底改变了我。

　　参加学习的都是江苏各地的厂长、骨干技术人员以及服装设计教师，争议的焦点在于中国学员认为法国时装的秘密在于工艺。而当时上工艺课的一位60多岁的法国女教师却没有透露任何版型和剪裁上的"秘密"，相反她对课程程序和步骤要求非常之严。上课之前，所有学员的笔、纸和尺等工具都要按照她要求的次序放置，如果有任何一个学员没有做到，她就会中断课程直到这个学员摆好，于是学员们的心情就很不愉快。当时我的理解就是法国时装工艺其实没有任何秘密，如果一定要说秘密的话，那只有一个：把每一件事情做得很完美，达到极致。也许听上去有点空，但就是这样的……可当时似乎没有一个人相信我的观念。

　　之后，我有机会尝试另一种生活方式，于是便离开了学校，先是帮江苏的一家内衣集团成立了上海设计中心，很快又去一家法国公司"上海组合（Shanghai Trio）"担任设计总监，主管设计与生产。这段时期接触工厂比设计更多，这对设计师来讲是一种难得的磨炼。也正基于此，我后来才一点都不害怕地去做自己的品牌。

　　在中法江苏时装培训中心的另一个收获就是认识了我的先生，他当时也是这个培训中心的法国教师之一，教授服装营销课程。虽然他对"哦纱玳"并没提供实质性的帮助，但法国人典型的思维观念和处事方式潜移默化地影响了我。

　　从2000年开始，我旅行特别多，这些经验赋予我许多创作的灵感与能量，通常心里会存储三到四个故事，等时机成熟后再把它们拿出来变成产品。到了2008年的时候，我其实有两个选择，一个选择是回去做老师，经过七年的市场历练，我觉得有太多的东西需要告诉学生。

位于莫干山路的设计中心门店

沙袋制作

· 手工布鞋

但我的先生却说:"每一个设计师都有一个梦想,而现在是你人生当中最后一个可以为梦想打拼的黄金时段,以后就没有时间去做一个属于自己的品牌了。"我后来想想也对,那就做吧!

**我喜欢干净、舒服和温暖的东西**

2008年,我正式创办了哦纱玳(OSHADAI)。哦纱玳的原意就是"哦,沙袋!"。我喜欢圆的东西,创业时想到的就是小时候玩的沙包,但被别人注册了,于是就改成了纱线的纱。同时我也很喜欢玳瑁小乌龟,走得很慢很慢,寿命很长很长。这个名称是我在日本一座大山里面想出来的,我坐在榻榻米的房间里,外面下着大雪,简简单单的三个字就自然而然地出现在脑海中。之前工作过的"上海组合"更像是一个外国人眼中的中国,走的是偏时尚和色彩的路线,但我本人其实对这些并没有什么特别的感觉。我喜欢干净、舒服和温暖的东西,这也构成了哦纱玳的基本调性。

　　虽然有在前一家公司积累的经验,但前三年还是蛮痛苦的,所有的事情都要从头再来一遍。其中最重要的就是到南通找厂房,从零开始一点一滴地打造起来。2013年之前,我们只有一家18平方米的零售店在新天地,2013年4月,我们有机会将店面扩大到90平方米。这是一个不小的挑战。至今仍开着,似乎成功了。除此以外,我们在M50有一个200平方米的像家一样的设计中心,有纯手工的法式甜品店,有一对一的健身工作室,在杭州西湖天地也有一家小型店铺。

　　我从内心里面迷恋家居事业,可能还有点陶醉的感觉。有很多事情越往里钻就越感到害怕,但是家居这个品类很奇特,我越往里走就越喜欢,后来就收不了手了。我会为每一个产品系列寻找一个故事,故事既是一种心理的支撑,也可以从中延展出色彩、款式等表面元素。这种做法带有一点学院派的诗意,但又

服饰＊

不尽然,因为我首先还是要面对市场。我们的产量很小,也没有很大的顾客群,每年还更换主题与故事,这个过程真的很艰难。幸好我还有一个优势,那就是有自己的工厂和零售店,可以随时调整。

我不太追逐潮流和热点,所做的事情都是长期兴趣累积到一定阶段的结果。去年开业的焦糖咖啡屋就是我本人热爱厨房和烹饪的兴趣使然,同时我也发现很多人在吃不对的东西,现在的咖啡师原来是我的健身教练。今年开的健身教室也不是为了减肥,而是寻求释放一种快乐的感受。我希望与更多的人分享优雅、朴素、平衡、简单的生活方式。

我对高科技类的新玩意毫无兴趣,之前几乎没有网上购物的经历。这几年哦纱玳的品牌形象得到了提升,但零售业生意确实越来越不好做了,于是团队也慢慢开始探索网络销售,即便份额很小。至于我本人还是更重视实体店的购物体验。只要有空,我就在店里接待客人,为客人服务。现在的客人很聪明,愿意花一部分钱去购买和分享产品的故事,所以我认为一个好的设计师必须具有促使客人掏钱消费的说服力。

## 一双温暖的手胜过一切

我爸爸是个钟表匠,从12岁开始就修理钟表。妈妈是自行车厂的电焊工,年轻时在这个领域拿到过一个很厉害的证书,并且带很多徒弟。妈妈现在年纪大了还闲不住,我们店里出售的一款手工鞋的鞋底就是她做的。这款鞋子做起来很痛苦,底有五层,每一层都是拿旧床单洗干净以后剪的。用过的床单棉质更柔软舒服,有家的味道。手顶针缝制,最后上浆。木头鞋楦放在里面三天才拿出来,所以鞋子前面很硬实。穿的时候如果边缘磨破了可以拿剪刀修一下,依然可以穿。妈妈喜欢听别人的夸奖,所以经常向我打听销售情况。即便销量不佳,

家居

饰品*

玳瑁饰品

我也阻止不了她继续做下去……

开个玩笑,身为一名设计师,我最大的梦想是希望自己的父母是做面料商的,那样我就可以把这个优势发挥得淋漓尽致。可现实并不是这样,每一季我总是在寻找完美面料的路上……我也很想自己设计面料,但国内又找不到小批量的加工渠道。面料商对国外设计师和国内设计师的态度也很不一样。所以后来我只好去日本找,在乡下找到很多小工厂做的布料。

我在创作中不喜欢用真丝这种材料,不仅难打理,而且给人的感觉是冷冰冰的。布,在西方人眼里是一个高级的东西,不用再教育。在中国人的观念中,棉麻却不如真丝高级。所以当我请苏州绣娘用苏绣的办法将棉线绣在麻布上时,一开始她们是拒绝的。因为传统上衡量一位绣娘的技能标准是把真丝线劈得越细越好,而棉线并不好绣,又粗又涩。于是我就隔三差五地去看她们,陪她们说话，也支付更高的报酬。和我合作的绣娘就说，虽然不知道你在干什么，但我知道你很特别。

手作在我看来就是为自己而做。如果真心想为自己做一些东西，那就值得继续做下去。当然这很自私，所有的东西都是为了满足自己的各种欲望，包括创作欲。哦纱玳的家居产品我自己每天都在用，服装反而不是我的兴趣所在，但却是一个不错的盈利点。这么说来，我确实做过许多卖不掉的东西。

产品是有随性感的。比如拼布杯垫，每个人的气质不同，适合的拼法就会不一样，这需要从专业性出发来考虑设计和工艺的细节，而不仅仅是一种homework。所以我一般不去教别人做东西，而是告诉工人设计与配色，然后请他们自己去操作，最后出来的每一块拼布都不一样。这对工人的素养有一定要求，我很庆幸和我心爱的工厂一起成长了八年。但另一方面，不要把手作看得太神秘，不需要有距离感，更不要神乎其神，喜欢就好。现在很多人对手工艺感兴趣，但从设计师的立场来寻找合适的供应商反而变得不容易了，手艺人往往对小批量的日用品没太大兴趣。更何况在手艺热潮的推动下，他们已经不满足于供应商的角色，也开始自己设计产品了。

可能是因为涵盖的范围太广了，哦纱玳在我看来没有什么实际的竞争对手，这可不是什么好事。日常生活的设计是一种精神性的东西，就目前而言，审美的共鸣还没能转化为消费习惯和价值观念的共鸣。但也有一些客人对我帮助很大，比如日本一风堂拉面店的创始人。她挑的东西经常是并不好卖但我自己非常喜欢的款式，我之前还为她们定制店服以及其他布艺产品，她也在生意上给我很多建议和支持。这样的客人不多，却是让我坚持下去的动力。我总相信："一双温暖的手胜过一切！"

访谈时间：2016.06.03/2016.09.28

# GUOXU
# 郭许

**品类：服饰**

郭玉军 70后双子座·山东烟台人

许玉磷 70后处女座·安徽合肥人

> 老郭沉溺于中国传统文化，将生活的闲情逸致化为清末民国的妇女服饰收藏，其数量和精美程度在上海滩鲜有人匹及。
> 小许讷于言但敏于行，他的设计极具个人魅力和传统语言的表达，能够深深地打动人心。
>
> ——华东师范大学教授 张晶

### 喜欢传统中所有美好的东西

**郭玉军：**在清华美院学服装设计的时候，我们就特别喜欢传统的服饰和饰品，周末经常去逛潘家园等旧货市场，淘些老碎片、老衣服和老扣子等。这种兴趣在同学中也显得很特殊，别人一般都是喜欢运动装、礼服等偏西式的服装。到目前为止，同学之中也只有我们还在坚持传统服饰设计。创业以后又对上海的老旗袍、银器、首饰和面料产生了浓厚兴趣。包括许先生在伦敦上学期间，我们也会去欧洲搜集古董衣，其中很多都是民国时期流转到国外的，保存的品相很好，价格反而比国内公道。目前已收藏旗袍500—600件，其中精品大概上百件，还有大量的首饰、面料、银饰、绣片、鞋子等，也经常受邀展出。我们喜欢所有美好的东西，这些收藏品就像生活宝库一样，集中了传统审美与创造中最精华的部分，给予我们取之不尽的灵感。

**许玉磷：**我们从大学毕业第二年开始创业。2002年在长乐路开了第一家店，当时叫"2002海上"，后来一度叫作"明卿"，去年正式更名为"郭许"，地点和面积一直都没变。2005年，在田子坊开了第二家店；另外在杭州安缦酒店还有一家店。很幸运我和搭档在经营理念上高度一致，推崇匠人精神，不急于扩大规模，严格要求每一位员工的技术素养。此外，中国古典文化博大精深，对服饰影响

花罗和绣片

龙纹真丝绒

长乐路门店

深远，所以我们又在复制古董服饰方面投入了相当一部分精力，从传统面料开始深入研究，包括植物染色、造型剪裁、工艺处理，甚至针迹走向、翎毛绣等方方面面。正如临摹古人绘画，每一笔都是敬意和感动。

  2008年，我放下这边的事业，选择去英国深造了四年。先在圣马丁学院服装专业读了一年，然后在伦敦服装学院读了两年，学的是手工制品和包的设计。说到刺绣的话，我的经历还蛮多的，也愿意投入更多的精力与想法。所以后来又到Alexander McQueen做了一年的原创刺绣设计。在那儿能看到全世界所有最好的刺绣品种，光样品就有几十箱。不同于中国的丝线绣，西方刺绣往往更注意混合材料和立体感。

## 站在历史的高度才能更进一步

**许玉磷**：追求中国风的原创性，把传统经典加以现代转化，这是我们一直为之努力的方向。刚开业时，我们就特别注意和长乐路上的其他品牌拉开差距，在面料、图案、款式和店面设计等方面推陈出新，带给客人完全不同的感受。2001年左右，我们较早地发掘了苏州缂丝工艺的设计价值，收购了一批出口日本腰带的缂丝料子，而这些面料以前都是一家苏州工厂的库存滞销品。开业两三年内集中推出了一批缂丝设计产品，每块面料都是独一无二的，市场反响非常热烈。但那时我们还没有版权意识，既没注册，也没召开发布会。于是当模仿者蜂拥而来时，我们就只能选择不做了。

2003年，我们还做过一款龙纹面料，用的是清代龙袍的基础图案。我们对此进行了重新配色与细节改良，从平面效果上看，一整块面料挂起来就是一幅作品。以前龙袍全是用刺绣，价格很贵，现在我们用80%真丝和20%的棉做成针织面料，价格适中，穿着舒服。2004年又首次开发了古典面料"罗"的设计。罗是一种真丝织物，古代的时候只有贵族才穿这种面料，夏天的光影效果特别好看，也很凉爽。我们从旧衣中恢复织法和工艺，把纹样打破再进行重新组合，这样做出来的产品给人的感觉焕然一新。面料的难点在于经纬纱的绞合，这种传统技艺已受到国家级非遗保护，我们与使用进口织机的厂家合作，做出来的花罗既保持了古典神韵，又提高了生产速度。这些都可算是收藏的果实。我们觉得设计师要站在历史的高度才能更进一步，面对这些历史上遗留下来的经典，眼光和意匠都会得到磨练。

开发新品的过程中也有一些小插曲。长乐路上存在严重的抄袭现象，一些同行不仅仿制样衣，甚至面料都模仿得一模一样，最后还搞价格恶性竞争。初级阶段只能是这样，我们也曾诉诸法律，版权纠纷还上了中央电视台，花了两三年时间才打赢官司。维权虽然牵扯了不少精力，但确实震慑了肆无忌惮的抄袭者。只有同行们都走原创设计的道路，这个市场才会越来越好。

**郭玉军**：长乐路上的旗袍店来来往往换了不少。总体来说，现在的款式和工艺受国外影响较大。过去的旗袍适合婚礼、红毯等正式场合，而郭许的定位更偏重酒会、晚宴等日常化的礼服，国外叫Cocktail Dress。购买旗袍不同于奢侈品服饰消费，客人买的主要是一种与众不同的文化情结和身份认同。比如在某些特定的外事场合，中国女性穿西式服装总会让人觉得有点奇怪，感觉是追着别人的品位在跑，难道中国就拿不出自己的好东西吗？随着国力和经济发展水平的逐步提高，类似的传统文化消费在整个社会层面都将越来越受到重视。

国内旗袍市场目前处于上升势头。从郭许的经营状况看，2005年是一个分界线。一开始的顾客以华裔华侨、驻华使节夫人等为主；国内客户近几年增长很快，尤其能明显地感觉到彭丽媛女士的着装风格对新中式服装流行所起到的推动作用。但旗袍的整体市场仍不算很大，所以考虑到个人发展空间的问题，真正愿意投身其中的年轻人并不算多。

## 追求中国风的原创性

**郭玉军**：我们的客人以高端为主，几乎没有广告宣传，也从来没开过发布会，就是靠客人间的口口相传。很多知名客人其实都是逛街时撞进来的，比如我们开业后的第一位客人黄静洁女士。她当时正在逛街，一进来就说很漂亮。第二天就正式来做衣服了，就这样一直保持到现在，后来包括她的先生谭盾老师的衣服也是在我们店里做的。

为金星制作的旗袍

金星女士也是我们的长期客人，前后做了有上百件旗袍了。以前她就住在后面的长乐村里，也是随便看看逛进来的。我们第一次为她定制版型后就不需多次沟通了，每次做完衣服，她一穿就可以走，挺简单的。与其他明星相比，金星女士在电视节目里天天穿旗袍，起到了很重要的示范作用。

在我们店里定制产品最多的客人是联邦快递中国及亚太区人力资源董事总经理冼欣蒂女士，她已经做了300多件旗袍了。上次去她家玩，看到衣帽间里全是旗袍，大多数都是我们做的。由于她在公开场合很少穿着其他服装，媒体就赠送了一个"旗袍

苏绣

做盘扣

lady"的雅号给冼女士。

曾担任通用汽车公司首位华人副总裁的杨雪兰女士也是我们的客人,她今年已经81岁了。郭许最为年长的顾客是杨女士的母亲、顾维钧先生的遗孀严幼韵女士。严女士是老上海的传奇名媛,一生推崇旗袍,去年还在纽约的家中亲切会见了我们。

**许玉磷**:这些高端客户的眼界很高,需求清晰,明了身份、场合与着装的关系,同时对品位、设计感、工艺和材料的要求比较高。有限的名牌奢侈品已经不能完全满足这些客户鲜明的个性需求,她们普遍特别喜欢中国风的产品,沟通起来格外顺畅。比如金星女士追求经典风格,喜欢三十年代的T字形款式。黄静洁女士可能倾向更大胆和偏向现代的,甚至在结构上稍微夸张一点都可以接受。要知道,知名人士的标签通常是固定的,不会像普通人那样随心所欲地决定今天穿这个,明天穿那个。

旗袍的创新是受到市场制约的。我们也想探索一些当代的手法，但市场接受度不是很高。比如我偶尔也会尝试一些前卫裁剪的东西，但客人就会比较困惑。今后如果要做更具颠覆性的创新，必须走另一个细分市场。

对于目前的郭许而言，创新的重点主要还是在面料和工艺上。比如，三十年代的传统旗袍基本上是T字形加平面剪裁的，没有"省道"，也没有立体剪裁的手法。现在受西方服装的影响，大多数客人都要求合体而且没有皱褶，于是就得加上"省道"，不然就太宽松了。但竖向"省道"容易显肚子，我们一般是斜向作省，把立体的量全部往两边做，前面就很平。再比如刺绣，我们都是百分之百的手绣，而外面很多都是用机绣或半机绣，硬邦邦的，色彩也没那么精细自然。细节上还是有很多讲究的。

我们在苏杭两地都有长期合作的面料工厂，旗袍都是手工制作，刺绣全用自己的绣娘。虽然这样做人力成本会比较高，但如果没有合适的绣娘在身边，根本出不了原创的好东西，作品也达不到一定高度。公司里的老师傅不少，但说心里话，我们并不害怕其中有哪一位突然说不干了。因为我们自己就非常熟悉设计、版型、工艺的各道工序，不会受到某种技术的制约。

比如公司的绣娘们原来都是做苏绣的，而我主张用西方手法来做中国的传统图案，现在用的珠片绣、羽毛绣、弹簧绣等欧式手法都是我一手一手教给她们的。当然实际上很少有人离开，刚开业的时候从苏州带来的四位绣娘现在已经五十多岁了。她们做了一辈子刺绣，把家都搬到了上海，还买了房子。可能也正因如此，我们对设计和产品工艺都比较自信。设计新品可以说是99%的成功率，旗袍一上身，往往超出客人的期待，差不多全是畅销款，几乎没有库存。

**访谈时间：2016.09.21/2017.01.11**

# i.c.ology/c'est si BON
## 品类：家具

刘铭译 70后天蝎座·台湾台南人
刘菘迈 70后双子座·台湾台南人

Jure和菘迈，这对台湾姐弟在上海的创业生活，印证了这座城市的魅力：足够包容并且从不吝惜欣赏才情。

——钲艺廊创始人 王臻

## 并不是白纸一张

**刘铭译：** 我以前是学商科的，在加拿大的多伦多大学读企业管理。来上海之前在一家台湾企业上班，2009年由公司派遣到这边来。刚到上海的时候租房住，需要添购家具，但市场上又找不到自己想要的。这个时候听朋友们提起，本地一些家具工厂是可以拿图稿过去依样定制的，这种做法在台湾很少。于是我就试做了一两个，觉得很好玩，朋友们看到也都说很可爱。

小木马灯

善变托盘边桌*

那一阵还和几位朋友在M50经营过一家名为"禾果"的艺廊,其中展出了一些我的布艺创作,但布艺作品陈列起来显得太小了,于是朋友们建议可以放置家具进去,正好那一阵我也有兴趣,于是就这样在2010年左右开始正式做家具了,第一件产品是木马灯。

如果以专业来讲,我没有在课堂上学过美术或设计的知识,但也并不是白纸一张。因为从小就一直很喜欢美术,所以自然就会结交许多这方面的朋友和长辈。念书的时候也会经常旁听美术课程,或是和一些朋友做手工的东西拿去市集上卖。我觉得现在所做的事情和所学的商科并不矛盾,尤其是数学非常重要,逻辑训练有助于培养解决问题的思维。据我所知,加拿大艺术专业的学生也是要学数学的。

**刘崧迈**:和姐姐一样,我从小也喜欢美术与设计,但在家里人的建议下,还是去学了商科,后来从事国际贸易。现在想来,我觉得当

位于武康庭的c'est si BON门店

店内会不定期举办小型艺展

时还好有念商科，才不会那么感性，才知道做生意有那些来来往往的东西，才知道如何应对客人的各种要求。所有的事都是我们一起讨论，一起做的，但也有分工。我对细节的事情会比较在意，所以通常在c'est si BON店里的时间会比较久。姐姐的想法和idea对i.c.ology这块产品的影响更多一些。

## 寻求一种平衡

**刘铭译：** 独立品牌难处多，成熟期长。国内的供应商通常更愿意我们下大单，可我们现在的资金和规模都不大，没法采用这样的营运方式，毕竟不可能一个月销售几百件单品，所以只能尽量在库存和订单之间寻求一种平衡。

客人们的鼓励一路支持着我们，尤其感谢钲艺廊的老板，在我们什么都不是的时候，他就进了我们的家具放在他们的展间里。我们的客人很大一部分是外籍人士，其中有一位是MOMA的股东，他曾一下子购进两个"大木马"和两个"小木马"，分别放在他位于以色列的私人美术馆与办公室里。他说自己很喜欢这几件东西，并鼓励我一直做下去，这对我的影响很大。家乡台南的台湾文学馆等机构也都有收藏i.c.ology的家具。

2014年决定开集合店c'est si BON的时候，至少有一半的动机是出于情怀和热忱。原本以为打理一家小店应该还好，后来发现店务真的太忙了，反而疏忽了自己本来应该要做的新品。我们自己也知道，这是很需要检讨的地方，所以最近有很努力地画。

**刘菘迈：** 你要知道自己要什么，不能什么都要。c'est si BON的选品标准首先是注重实用，除了增加生活的趣味性，还需要物尽其用。其次供货要有序，不能一时兴起，过后又不做了。另外要比较环保，至少不能产生污染。我希望更多的是手作，然而这并不容易。我们平时看到好的东西就会留心打听，遇到喜欢的就写

Email过去,旅游时也会特意跑过去看。不过,像一些日本的手作人、设计师比较保守,不愿意做海外生意,那时候就会觉得很可惜。

刚开店的两年,来自日本的产品比较多。现在我们会越来越倾向加入一些本土元素,我觉得这样做更有意义,不过真正能和设计师产生联结的东西不好找。店里目前所见的商品,并不见得100%都是为了销售,其中一部分可能是为了表达对当地设计师的支持,希望他们渐渐地能发展出属于自己独特的东西。有时,我们也能通过店里的产品和活动发现一些生活方式上的文化差异,这很有趣。比如很多客人会询问托盘的用途,而在台湾这是每家的必备品。还有店里目前的这个小展览是一位英国摄影师做的,主题是关于上海人在户外晾晒内衣裤的现象。他觉得有趣和好奇,但同事们都反对这个展,觉得是在嘲讽。这就是两种不同的思维。

上海的手作产品和集合店我觉得都蛮蓬勃的,越来越多人在投入,特别是这两年一下子都冒出来。有些和我们一样,并不是设计或工艺出身,而是突然改行投入一个项目,做了一个品牌出来。应该说每一家都蛮有特色的,可是也有一部分比较容易归纳成同一种风格。对初创业的朋友而言,房租压力过大的话,可能必须要销售一些迎合市场的商品来平衡收支,不一定是他内心最想推荐的。

## 努力往前再跑一点

**刘铭译:** 我们刚进入家具业时,应该说是外行,连三视图的必要性也未知晓。所有的知识都是一点点拼凑起来的,或从网络和书籍上搜索信息,或请教各路专业人士。因为i.c.ology是纯手工实木的,所以在加工上存在不少限制,如果不了解这些工艺,就易滋生自以为是的想法。一些关于木材的知识来自家具工厂的师傅,比如不同品种的木材各自适合的用途;还有榫卯结构,也是在厂里看师傅这么做

善变桌柜 *

才决定采用的。

可变形的机能是i.c.ology的特色，这是因为在国外生活时，家里空间很小，我当时就有让家具可变换多种用途的念头，后来有机会就把它实现出来。而用旧木拼面的做法是从第二件作品开始的，是个床头柜。

这个出发点是受到荷兰设计师Piet Hein Eek的启发，他的作品多用回收的木材制成，这一点深深吸引了我。由于那几年拆迁较多的关系，我在工厂里见到许多堆放着的旧木材，于是也想这么试试看。曾经，一位国外的记者问我为什么使用旧木头，我那时候的回答是想通过这样的做法赋予死掉的树以新的生命。但我后来发现其实并不是这样，而是和自己的经历有关。我自小就出国，然后回台湾，回台湾没多久又来大陆，从没有在一个地方停留很久。我喜欢旧木头是想获得一种安全感和依赖感，毕竟旧东西是可以一直存在下去的。所以从市场角度来说，我们也可以用更高档的胡桃木，但我们并不想那样做，不想要过于美好的东西，只想要能营造稳妥感和安定感的材质。

乐高色木拼贴童梦抽屉柜＊

采用几何形贴面是因为我一直很喜欢几何化的空间感。至于色彩的选择,刚开始我会告诉师傅几种确定的色彩组合方法,他做过十几件之后就完全清楚了,能自己按照这种方法做下去。

**刘菘迈:** 工厂师傅原来并不做现代家具,所以我们花了很多钱购买漂亮的样品给他们参考。这需要一个磨合过程,尤其是观念方面。做面板拼贴不久,有一次师傅很开心地说,下午有东西给你看,原来他觉得我们的设计过于简单抽象,于是自发地利用闲暇时间拼了一条龙出来,挺有趣的念头!但我们始终没有自建工厂的打算,虽然也会帮助喜欢i.c.ology风格的客人实现定制化的构想,但并不想由此变成一家什么订单都接的加工企业。

手作,不会像机器做得那么精细。每样东西出来都会有些许差异,这是手作感的一部分。比如,我们通常不认为实木的节疤是瑕疵,那是生命留下的自然痕迹啊,即便是贴面也没有完全一样的,只是接近的感觉。一部分客人就难以接受,他可能想要更完美,但也有别的客人刻意追求节疤的自然感。

**刘铭译:** 每一件产品都凝聚了一个小故事,我们会以此来命名,那样比较可爱。比如说这个叫"童梦"的柜子,下面的柜脚就像一个少女穿短裙后露出的鞋子,而上面的镜子就像脸,永远能看到自己的样子。这就是我的童梦。市场上的模仿者很多,淘宝上就有几乎一样的童梦款家具,但我没有在意太多,这种事情防不胜防。我咨询过律师朋友,结果也是无能为力。可是从另一个角度来讲,模仿者也在激励我们创新,当自己快要被追上的时候,就必须努力往前再跑一点。

i.c.ology都是我们自己设计的,但我们还没有那种专业的自信,总觉得设计师背后应该要具备更多学识和涵养。我把专业的标准定得很高,自己的品牌目前只能打七八十分,可以努力的地方还有很多,特别是要不断推出新品。

**访谈时间:** 2016.08.04/2017.04.09

# 马良工作室

**品类：木偶**

马良 70后 处女座·上海人

> 从上海柏德里弄堂里长成的马良，依然喜欢站上屋顶，跨越过去、现在和未来，同你一起分享魔幻和现实。
>
> ——平面设计师 马德岗

## 很多年前我就是一名手艺人

其实，很多年前我就是一名手艺人。从上海大学美术学院毕业以后，我进入了影视广告行业。先是做道具师，从绘画和设计转而开始自己动手做东西，当时是跟上海电影制片厂的一位老道具师学的。广告拍摄中有很多东西需要手工制作，比如说广告里出现的冰淇淋、火锅、巧克力、啤酒等看上去很漂亮、很真实，但实际都是拍摄前才做的道具。然后又从道具师变为美术指导，因为要兼顾制作道具，所以还得经常自己动手，最后才成为广告导演。这个过程大约持续

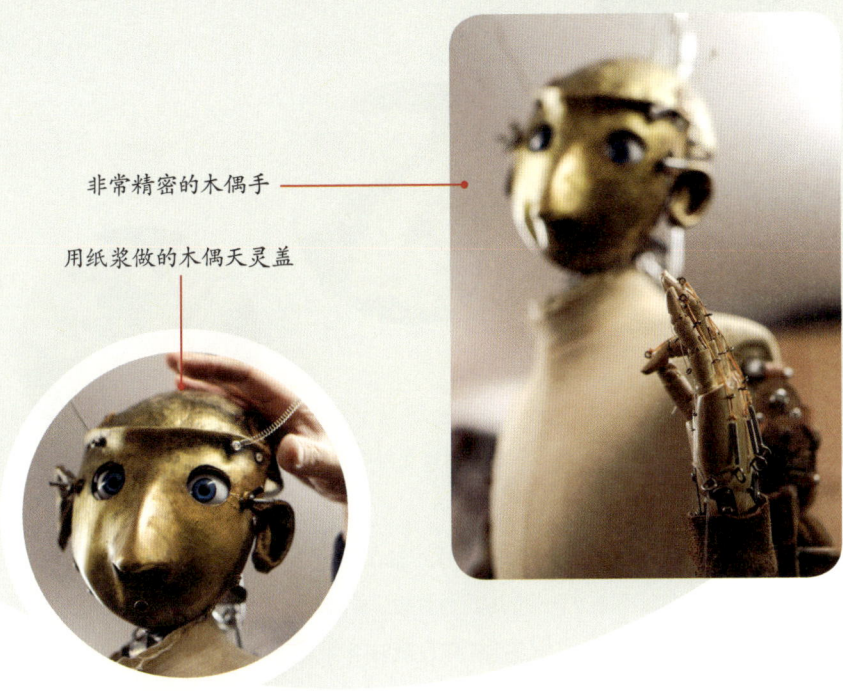

非常精密的木偶手

用纸浆做的木偶天灵盖

了三年。

我现在做的木偶也可以说是一种大型道具,只是强化了舞台表演的功能。大概是因为小时候喜欢,我从十年前开始收藏木偶和人形,国内外的都有。我想不能只在家里头放着,就会把它们运用在创作里。我曾在三年左右的时间里专攻所谓的"桌面摄影",就是在桌子上搭建布景,使用小型人偶作为角色或素材进行拍摄,有点像定格动画。人形和木偶还不一样,人形适合摄影,木偶能表演,但拍出来不一定好看。后来到了想要搞戏剧创作的阶段,觉得在自己的经历和爱好中,木偶是个特别好的选择,于是就开始做木偶戏剧了。

近年来之所以转入戏剧,跟家庭环境有关系。虽然我没学过戏剧,但是爸爸妈妈都从事这一行,从小耳濡目染。妈妈从上海戏剧学院毕业后,直接进了上

"小马古几"眼皮制作过程

海青年话剧团。当时组建这个剧团的目的就是排演莎翁的戏以及意大利、英国的古典戏剧。在剧团所在的一幢西式别墅里,演员们穿着欧式服装,戴着卷发头套,化着外国人的浓妆反复排练,有些叔叔还在花园里练习击剑。应该说在20世纪70年代末,这种莎士比亚戏剧的氛围与社会外部环境反差极大。妈妈常在国际饭店后面的长江剧场演出,我有一个特殊通行证可以进入后台,经常看到美术师、化妆师、服装师进进出出地忙碌,这些因素都塑造了一个孩子最初的视觉经验。很多人问我,为什么你的作品里没有通常意义上的中国风格?对此我只能回答,这是因为我生活在上海这座魔幻的城市里,西方的文化很早就进入视野,虽然带有"洋泾浜"式的混杂与想象,但确实对我的成长造成了重要影响。

**富有挑战性的制作环节**

我们刚开始制作木偶的时候,有一种本能的看法。首先就是在中国的传统

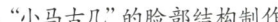

"小马古几"的脸部结构制作

木偶上找不到什么可借鉴之处,因为国内的木偶尺寸偏小,机械结构也较简单。随后就觉得应该去学习一些西方的制作技巧,我个人很喜欢的一些传统木偶来自东欧。到了那边之后,所谓"学"的过程也挺短暂的,就是一两天时间,在人家的工作室里聊聊天。那边的朋友都挺客气,无私地告诉我一些材料的用法。比如小木偶的头可以用陶土做,一旦做到真人比例的时候,陶土就太重了,可以用纸浆代替。

纸浆在传统工艺里是个特别好的东西,既能成型,又很轻便。但是松散的纸浆容易在活动中裂损,正确的做法应该是把浸透的牛皮纸一层一层贴起来,然后用涂了胶的牛皮纸,相互交叠粘贴,形成一个编织结构,非常坚固。我是怎么知道这一点的呢?因为我奶奶就曾经用纸浆做过一些生活用品,我至今还保存着小时候她做给我的一个纸浆盆。奶奶是河北的农村妇女,但她的做法和欧洲大木偶是一模一样的,我觉得这一点特别有意思。后来,木偶头部的天灵盖就是这么完成的。我们也试过别的材料,但塑料容易裂,金属又太重。纸浆是最合适的,上面还可以打很多螺丝。

与我们整个团队要做的其他木偶一样,《爸爸的时光机》这个戏是适合成年人题材的大型木偶。但一提到木偶,大家首先会想到的是儿童剧团常用的提线木偶,这是一个很难克服的心理定势,于是我们就决定称自己的产品为"机

工作室一角

甲木偶",听上去有点像机械人。每个木偶都有自己的制作方法,最小的木偶要用到1028个零件,最大的则需要1252个,其中50%都需要重新加工。因为国外也找不到这么复杂的木偶,所以结构设计上主要靠自己摸索,这是相当富有挑战性的制作环节,也是一个慢慢推进的过程。

　　我以前做道具的时候比较重视美术感,一开始做木偶也是如此,但外观精美的木偶可能无法在表演中使用,接下来的技术工作就是要把很多美的东西舍弃掉,让它变得更实用。木偶手臂是在木头人形基础上改造的,最初的雏形可以在网上买到,但是木头人形的关节掰动之后不能自动恢复原状。我们必须拆开每一个关节,重新制作里面的结构,去掉摩擦力,才能用于表演。

技术性最强的部分是木偶手。我们尝试过很多方法来制作，刚开始的操作系统改自一个自行车把手，用钢丝牵动三根手指，再用一个铜片作为回弹系统。外观很好看，像一个艺术品，但每次都不能很完美地收缩手指。经过反复试验，我们最后做的木偶手就非常精密了，每一根手指都可以通过弹簧的作用来回伸缩，拇指和食指还可以拿取东西。"拿东西"是木偶表演中最大的挑战，拇指如果不能动或不灵活，就握不住物件。

眼睛也是一个难度系数很高的系统，简单的眼睛只是会上下眨，但像"小马古几"这类表情丰富的木偶，除了能眨眼睛，眼珠可以左右转，眉毛也会动，眼皮上还有睫毛，复杂性就要高得多。

## 全新的表演系统和工作方法

在制作木偶的初期，我们看了全世界范围内的一些资料，做到后面就没有什么现成的资料可用了。到了表演部分，甚至连可参考的术语都找不到，只能全部另起炉灶。其中最关键的环节是研发大型木偶的负重系统以及演员操纵木偶的方法。现有的负重方式都不合适，我后来找到做电影道具的一位好朋友，请他设计了一个背架结构，可以将木偶挂在男演员身上，也可以在一秒钟之内取下来。一个木偶通常需要两位演员，由一位男演员主要负责控制木偶身体和动作。由于我们想要的是现实主义的表演风格，这名主演的情绪投入极大，几乎要把所有的能量传递到木偶身上。同时在这个戏中，木偶的右手经常要拿道具，包括拿飞机、旗帜、美工刀、手机……还要用右手开扳机、握手等等。所以，我们另外安排了一位女演员担任副手，她不仅要专门控制右手，承担戏中最重要的活动部分，还必须始终保持理性的应变能力，协调所有的临场细节。

这种合作方式是独有的，而且演员会经常更换，所以我们必须创造出一套全新的表演系统和工作方法。当时一位同事很喜欢中国古代文化,他发现秦汉时期战车上有一组军事人员——甲首和参乘。甲首是战斗人员,参乘是驾车的,负责操控方向。我觉得用这两个职能名称挺好的,于是就这么定下来了。演"老爸爸"的男孩则是一个人完成包括头部和手部在内的所有表演动作,他身体好,又很有创造力,花了一个月时间研发出了一种可以在表演过程中换手的方法。"老爸爸"大木偶的操作把手很像戟,我想到古时候有一种仪仗侍卫叫执戟郎,于是就将这个工作岗位命名为"执戟"。

有一位匈牙利的艺术家提供了一部分视频素材,另一位德国服装设计师对演出服装给予了一些建议,除此以外,所有的核心技术系统都是自主开发的。在很多方面,中国人一直在向国外学习,但是现在我们已经可以输出自己的文化和技术了。这部戏在海外的演艺平台上获得了不少赞誉和推介,更令我高兴的是有很多国外剧团邀请我的工作室为他们设计和制作木偶,我们接下来还要派人去训练他们的演员。

木偶只是一个角色,并不是演员,但具备更明确的符号性和更宽广的叙述性。在《爸爸的时光机》的前十五分钟,观众们会对木偶产生好奇,从第二幕开始就进入了所谓的人类戏剧状态,越到后面,观众们就越沉浸在人物的情感里面,完全忘记了演员的存在。每次演完之后,都有谢幕以及和观众合影的环节。因为演员很辛苦,半小时以后我就会请他们下去休息,但观众往往不同意。有些观众说演员可以下去,让木偶留下来就行。他们不知道的是,木偶一旦离开演员,就只能瘫在那儿,一点都不能动。这就是戏剧的移情作用,具有"人性"的木偶甚至能比真人表演更具有感染力。

**访谈时间:2017.03.24**

# Wo&World
# 艺术空间

**品类：乐器**

> 羡慕石磊，在获取快乐这件事上，比其他人走得更远一点。
> ——独立撰稿人 罗珍

石磊 70后巨蟹座·内蒙古乌兰察布人

制作笛子

## 音乐人是我的本职

我从小就喜欢音乐，小时候最早学习过吹笛子，高中毕业后又接触架子鼓。除了在北京迷笛学校上过一个短期培训班，基本全靠自学。那个年代，乐手很容易找到一份工作，我又正好喜欢音乐，很自然地就把音乐当成了一种谋生手段。

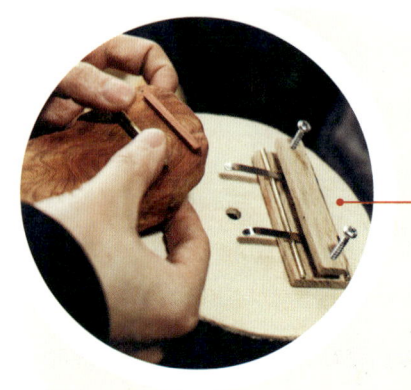

制作以葫芦为底座的卡林巴琴

位于水城南路的Wo&World艺术空间

修复后的kora琴

扫一扫,
聆听石磊·手制乐器之作《器曰》

1997年,我开始成为一名职业打击乐手,全国各地到处跑,夜总会、文工团、酒吧,反正哪里有需要就去哪里。2003年以后固定在杭州演出,商业乐队的工作很累,昼伏夜出,对身体不太好,所以后来结婚生孩子以后,我就不再做职业乐手了。太太王萌莹是上海人,2012年以后为了孩子的教育问题回到上海定居,我们开始以纯演奏的组合形式创作和表演原创音乐,并建立了一个名叫Wo&World的世界音乐艺术空间。我们的创作风格属于世界音乐的类型,演奏创作方法以即兴为主,很少按照固定的乐谱演奏,我

们希望每一次都有不同,而不是千篇一律的重复。

音乐人是我的本职,以前主要是打架子鼓,从2008年开始转向其他一些打击乐器。架子鼓是一种比较现代的伴奏乐器,打击乐器则不然。各个国家和民族都有自己的打击乐器,音乐诞生之初并不是为了演奏给其他人听,而是一种让自己开心、放松的自娱形式。人们劳累了一天,回家做个简单的乐器,演奏给自己或者家人朋友听,到后来才慢慢演变成了一种表演形式,开始出现专门演奏音乐的艺人。以前,很多乐器甚至没有固定的名称。而我从转向打击乐开始,就越来越对这些传统的古老乐器感兴趣,所以开始慢慢地收藏世界各地的民族乐器。

我会经常到网上找视频看,如果发现一种没见过的乐器很好听,就会想办法去搜索资料然后去购买,买到手之后再自学。无论是尼日利亚的巫毒鼓,还是南印度的陶鼓,这些乐器最吸引人的地方在于创造性和文化性,能够传递出一种历史感。我现在最常用的是瑞士人2000年时发明的一种乐器——Hang(手碟)。这种乐器必须手工制作,所以产量很小,很难买到,幸好现在已经有好几个国家的制作者在仿制,其中有一家美国品牌做得特别好,也很难买到。因为排队等待购买的人太多了,所以有一年它推出了一个抽签的办法,就是让消费者写邮件,一人发三个数字,被抽中的人就能获得购买权。我当时用太太的生日数字发过去,结果就被抽中了,然后又等了差不多一年半才拿到手。手碟之所以吸引我,是因为它可以用鼓的手法演奏节奏,但又像钢琴一样有不同的音高,等于把节奏乐器和旋律乐器结合在了一起,表现力丰富多彩,音色听上去也特别天籁。

正因为见多了这些传统的手工民族乐器,我就想别人能做的,自己应该也能做。制作乐器,最初是源于修复藏品的需要。有一次,我收了一把非洲的Kora琴。这把琴的做法和结构特别原始,底壳是用葫芦做的,弦是用牛皮捆绑的方法直接固定在棒子上的,这样的固定方式对于调弦来说非常麻烦,音很难调准。所以我就尝试着自己改造一下,用吉他的琴轴来固定弦,结果效果还不错。

修复Kora琴以后感觉自己动手是件挺有意思的事,然后又尝试着按照自己的想法做了一把琴。这把梨形琴类似吉他的构造,但琴弦是用的中国三弦的琴弦,而且也只有三根弦,音色又类似中国古琴之类的民族乐器。如果闭上眼用耳朵听,这其实就是一件中国乐器,但看起来又有点像西方的乐器。我本身不会弹吉他,但因为是自己发明的乐器,没有规矩,可以自己设计手法,随便怎么玩儿都可以,玩音乐就更加有趣了。

## 为了想要的声音

我制作乐器和其他人有一点不同,我只是为了想要的声音,而不会把它当成一件工艺品,在外观上精益求精,所以造型上并不追求多么精致和别致。其实,很多民族传统乐器也是一样,它们来源于生活,看上去并不起眼,但发出来的声音特别有意思,简单而有富有魅力。比如有一种打击乐器叫"Washboard",其本身就是美国人用的搓衣板,后来人们在上面再加一些金属的瓶瓶罐罐或者木板之类的小东西以丰富音色,就这样被逐渐改制成了一种打击乐器,演奏时用两把小勺子与板身刮擦击打,极富律动感。还有非洲的一些手工乐器——果壳摇铃,就是一串

石磊的工作台

风干后的果实壳串在一起,让它们相互摩擦碰撞发出声音。雨棒是南美的一种传统乐器,把小沙砾放到墨西哥仙人掌里面,可以用来模仿下雨的声音。

蒙古、哈萨克斯坦那边有一种笛子叫"冒顿潮尔",哈萨克语叫"色布孜克"。所用的原材料就是草原上的草秆,制作很简单,砍一节草秆,在下部用手指当尺丈量着挖3—4个音孔就完成了。但因为吹奏者极少,也比较难学,所以国内基本没有乐器厂家愿意去做,都是草原上一些老演奏家做一点传给后来的年轻人,年轻人做了也只是给自己使用,或者赠送给身边需要的朋友。因为很难买到,所以我也用薄一点的竹管和普通的PVC管来制作了几支。因为PVC做的笛子音量大,方便携带,不怕损坏,所以很多老艺人也会用这种材料去制作。

在此基础上,我另外又做了一批笛子,完全按照自己的想法来确定音孔的大小、形状、距离和位置。制笛当然还是挺讲究的,笛身长短、孔径大小和吹孔斜度等都会对音色有影响。如果是做一件标准化的笛子,比如爱尔兰哨笛,就必须严格遵循既有的规制。如果只是为了呈现某种特殊的音色或适合演奏的用途,受到的限制就要少得多。

卡林巴拇指琴也是我目前做得比较多的乐器。这种小型弹拨乐器起源于非

乐器形的烟斗＊

梨形琴＊

洲,现在玩的人很多。为什么要改造卡林巴呢?因为我想尝试用不同的构造和材料,让它可以发出不同的声音效果。我试验了很多不同的钢条,以及各种木料,甚至利用葫芦做腔体,经过多次尝试后终于制作出几个拇指琴,在音色变化和演奏方式上更加丰富和多样化。拇指琴因为制作简单,所以在设计上实验性很强,我的藏品来自世界各地,钢条上加了珠子的巴西卡林巴,木腔涂了金箔的日本制卡林巴,还有用薄膜鼓皮当共振板的德国产卡林巴等。在符合发音原理的基础上,可以尽情发挥想象,做成什么样子都可以。

当我构思好乐器的用途,找到合适的材料,基本不怎么用画图就知道大概怎么做。因为整天玩乐器,具体步骤都在脑子里,最常用的工具是锯和锉。出于演奏的需要,我曾用葫芦做过卡林巴的底座，把鼓和琴两种类型的乐器合为一体。先将葫芦底部削掉，再把琴座盖在上面，开洞，连接，再进行一些细部的调整，就可以试奏了。在制作过程中，通常用调音表软件帮助确定音高，避免误差。除了乐器，我也喜欢做一些烟斗和乐器架子等。近期的计划是用葫芦来做一批乐器。

## 享受的只是过程

乐器的演奏和制作是不太相干的两个领域。很多演奏乐器的音乐人并不会做乐器；同样的，很多乐器工匠却不会演奏。所以，制作乐器与个人的音乐创作没有什么直接联系。正因为如此，我的目的性不强，觉得好玩就去做，像小孩玩游戏。我平时也很少运动，做音乐时大多也是坐着，所以制作乐器本身也是一个活动身体的过程。做出来以后，能用在哪里就用在哪里，不能用的话就暂时放在一边。

与职业化的乐器制作者不同的是，他们要做的是一件商品，而我所追求的是一次制作过程。比如我的烟斗真的是在家里用锉和锯一点一点手工做出来的，回头还要把家里收拾干净，不像别人是用车床削出来的。其实我不会抽烟斗，享受的只是过程。同时，我也希望给儿子们树立一个榜样。和小朋友们一起做乐器并不难，像简单的笛子就很适合作为一起动手的亲子项目，做完以后，小朋友立即就能吹奏，这可以激发他们对于音乐的兴趣。

手作是每个人都应该会做的一件事情，不用太在意复杂还是简单，漂亮还是粗糙。通过自己的双手完成一些东西，会有一种成就感。对于乐器而言，没必要去追求过于昂贵的材料或高科技的手段，用最简单的手法和容易买到的材料同样可以达到目的。毕竟乐器是要演奏的，尽可能让自己用得自然和顺手是最重要的。

*访谈时间：2016.12.30*

# YINGSTAR 工作室

品类：字体、插画

应永会 70后双子座·浙江象山人

> 一直很喜欢永会设计的字体，那种自然与质朴，也正如永会一样，安静地散发其潜藏的内蕴。
> ——平面设计师、独立出版人 蔡仕伟

## 双子座的两面性

我的父母都是务农的。与写字相比，我小时候更喜欢看连环画。长大后去杭州求学，念的平面设计专业，在学校的字体设计课上经历过一些用鸭嘴笔、曲线笔手绘字体的传统训练，但成绩一般。从学校毕业后，我就留在杭州工作。两年后

搜集的铅活字

手绘美术字

来上海,先在一家广告传播公司担任设计师,后来去了正午广告公司。正午广告的老板叫张熹,他一直鼓励公司里的设计师要做点对自己有意义的东西。在他的影响下,我后来就慢慢转向字体研究和字库开发,同时也开始养成逛旧书店和旧物市场的习惯。这让我对历史上的字体样貌有了一个大体的了解,温故而知新。

我在正午广告一直干到2010年左右,觉得以独立设计师的身份也可以立足了,于是就离开公司成立了YINGSTAR工作室。YING是我的姓,STAR代表了太太孟繁星的名,工作室主要做一些书籍、画册、品牌识别等平面设计类型的业务。字体设计是半业余身份,毕竟靠做字没办法完全养活自己。之所以能走到今天这一步,和我太太的支持是分不开的。她一直认为,只要觉得快乐就去做吧,并不会埋怨做字赚不到钱。

做字是我的兴趣爱好,所以在方法上和专业的字体公司存在很大差异。字体公司主要从商业上考虑,所以要在尽可能短的时间里做出一套字体。另外为了方

浙江民间书刻体＊

便团队合作，他们基本采用流水线操作，通常的方法是先做几十个包含大多数偏旁部首的汉字，然后进行拆解，再拼接成一个一个新字。而我从一开始就决定采取类似传统刻字工匠的做法，坚持一个字一个字去雕琢，每个字都自己做。这样可以让每个字看上去都不太一样，保持个性化的细节与表情。采用这样的做法必定会牺牲效率。只要前后两个阶段的字型差别稍微有点大，我就会重新调整与修改，甚至不惜推倒重做。

我是不相信星座的，但自己身上确实也有双子座的那种两面性。一个是作为"字匠"的我，另一个是作为插图师的我，这两个"我"都是真实的我。我现在的画

汉古书体*

受安迪·沃霍尔(Andy Warhol)、大卫·霍克尼(David Hockney)、罗伊·里奇特斯坦(Roy Lichtenstein)影响比较大,平时比较喜欢波普。插画体现了我个性中比较自由随意的一面,比如不太讲究画材,很多画就是直接画在塑料袋和信封上,颜料就用丙烯。如果让我在画布上重新画的话,感觉会完全不一样。

几年前,我在一些画里陆续重复一个女孩的角色造型,我管她叫"A-Ying",然后我就有了女儿,这是一个巧合。最初我只是在网上分享一些自发创作,后来也在画廊办过展,从去年开始有客户找我画一些商业项目。我的签名是从英文名字Ying Yung Wei的简称YYW来的,刚好像一个鱼叉,后来就一直保留了下来。

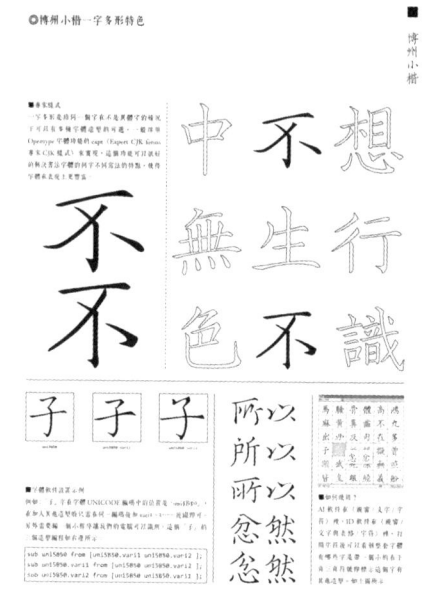

博州小楷★

## 复刻与创造

2005年左右,我第一次在网上看到日本欣喜堂的字体作品"金陵""龙爪"和"萤雪",这三套字体都是根据中国传统古籍做的,对我震动挺大。我当时的工作状态有些心浮气躁,于是也很想通过做点和字有关的工作,让自己静一静。但是当我上网找资料时,却发现和中文字体有关的资料几乎是一片空白。

有一次,我在网上偶然发现了东京大学东洋文化研究所收藏汉籍善本的数字资料库,里面有部清代的刻本叫《郑氏佚书》。上面的字体方方正正的,我觉得比较适合做成字库。虽然也喜欢楷体类的字体，但当时觉得自己功夫不到，难以掌握，还是决定先从宋体入手。历史上的个人做字一般属于民间活动，流传下来的刻本也多是民间的。考虑到《郑氏佚书》是浙江民间刊印的，所以干脆以"民间"来命名，决定取名叫"浙江民间书刻体"。后来了解到浙江温州的东源村至今仍保留有木活字技艺，和《郑氏佚书》上的字型近似，很高兴听到这样的消息。

《郑氏佚书》的刻本质量很高，所以民间书刻体的字型以复刻为主，但复刻传统字型也需要注入新的理念，并不等于一模一样地照搬和扫描。比如雕版字体的笔画造型通常更加夸张，而要适应现代实用需求的话，就不可能保持这种强烈的张扬感，而必须调整得均衡一些，并且要兼顾前后上下。虽然古籍字型更适合竖排，但我也会兼顾横排，至少要保证对齐中心线，而这一点是扫描复制类字体最大的缺陷。实际上，不同的人勾勒、描绘和调整同一个字，出来的最终效果是完全不同的。

在国内几乎很少有个人设计师独立完成一套字库，我一开始想哪怕花十年时间慢慢做完一整套字也就非常心满意足了，但后来的计划中又增加了"汲古"和"博州"。汲古书体的创造性要多一些，它其实是我着手开发的第一款字体，参照的是在上海旧书店淘的一本民国影印明刻本。我先花了一年时间做了四五百字，但后来发现效果并不好，因为那本书是好几个人刻的，里面的字型变化很多。由于我对前期效果不太满意，于是就停了下来，先做浙江民间书刻体了。在做民间书刻

A-Ying

体的过程中，我积累了不少设计汉字字型的经验，后来重新想把汲古做成一款综合明代字体造型特征，但又不完全相同的字体。所以现在看到的汲古风格已经和第一版时完全不同了，笔画处理比较规矩。

浙江民间书刻体是清代字体风格，饱满方正；汲古书体是明代字体风格，瘦长秀气，具有楷味；到了博州小楷又恢复了复刻的路线。小楷造型多样，难度比较大，我参照的是官刻本《大明律》上的字型，是日本一家图书馆的公开数字文献。之所以命名为博州，是由于书里提到的编辑的地名就叫博州，我认为这个词也有"博览神州"的另一层含义，于是就把两者做了结合。博州小楷曾多次返工，最早一批做到大约3500个字左右完全放弃了。第二版做到1000个字左右，感觉还是不行，放弃。这个时候的心情是非常沮丧的，可能有一两个月都完全不去碰字。从去年年底开始到现在又做了第三批，目前累计了大概五六百个字。波折的主要原因是我找的那本《大明律》质量不稳定，不知道是刻的原因，还是写的原因，经常出现这几页刻得特别好而其他几页不太行的情况。现在网上所能看到的关于博州小楷的图都是最早一批的版本，其实是我最不喜欢的。

## 做字原来这么辛苦

平面设计是我的专业，但我平时很少关注平面设计师，与同行的接触也不多。因为在我看来，中国商业平面设计能拿得出手的人几

在信封上用丙烯颜料作画

乎很少。我是通过做字逐渐被设计圈认识的，受邀参加的社会活动基本也都和字体有关。

我做字一般先用Illustrator描绘和调整，等积聚一批后，再把它们放到专业字体软件里微调。很长一段时间，我用的都是开源软件FrontForge，去年年底，在朋友的建议下开始改用Glyphs，效果还不错。现在这个数字时代，我可以用新的造字工具和新形式把过去断掉的文化传统重新呈现出来，这使我在复刻字体时经常有一种与古代刻字匠人进行时空对话的心情。

目前，国内字体设计最大的问题是怎么能让从业者真正挣到钱。我所设计的这三款字体之中，只有浙江民间书刻体在网上发布过试用版，结果却引来许多盗版和侵权事件。多家字库公司，包括方正和汉仪等曾与我洽谈过合作事宜，但最终都没有达成意向，主要原因是我不想低价出售版权。总体上看，字库销售的市场收益并不理想，现在总共才卖出去二三十套。虽然自己的销售能力有限，但本来也没想用字体来赚多少钱，圈内朋友所支付的授权费能够支持我接着做下去就行。

从2010年开始，我的公开演讲就比较多了，也从中参悟出一些以前可能没想明白的东西。电脑进入字体设计领域以后，大环境就变了，不像过去讲究手工和规矩。创意字越来越多，正文字依然非常欠缺。正文字型上的一些精细推敲，普通客户看不出什么区别，连设计师们也不太清楚，好像大家觉得各自做的东西一定要差别很大才有意义。我觉得在目前这股"字体热"里，很多设计爱好者对字体仍存在片面的看法，对制作流程与方法也不了解，所以我认为自己有责任和义务让更多人了解做字原来是这么辛苦的一件事。这么做取得了一些效果，因为有些朋友说他们现在做字是受我的影响。

访谈时间：2016.05.20

# 印物所

**品类：版画**

这间神秘的版画制作工坊，总有办法让大家的作品以质感饱满、自带温度的状态，完美输出。

——Voicer

杨默 80后双鱼座·江苏南京人

### 多一个版画家不如多一间工作室

我在南京艺术学院版画专业读到大三的时候想去欧洲看看，于是就办了休学。2002年到的德国，一年后通过语言考试，进入卡塞尔艺术学院就读，分在视觉传达专业下的石版画工作室。卡塞尔艺术学院的学习方式与国内差别挺大的，特别是版画这一块。德国教授们不太和学生交流很多技法上的知识，这方面大多由技师负责。由于我在国内有一定版画基础，所以相对来说学习还是比较顺利。在卡塞尔艺术学院期间，我逐渐发现自己可能不适合仅停留在单纯的创作者角色

制版材料与工具

制版工序之一

上,还想做更多的事。所以在2004年的时候,我就又决定回国了。即使我没有在德国完成全部学业,但待在国外这几年,对我影响非常大,最有价值的地方在于深入了解了欧洲式的艺术与生活方式。

回国之后,我选择继续完成剩下的学业,就好像在德国学习了一段时间之后又回去参加了国内的毕业创作。2006年,我现在的合伙人陈捷正好成了一家公司的部门领导,需要组建团队,于是就把我拉到上海来了。在上海的大多数时间,我都在各家小广告公司担任设计师和艺术指导,最后去了W+K。广告公司的工作很忙,生活状况也还不错,但是我一直在思考自己想要的到底是什么,越来越想回到原来所学的专业。离开W+K没多久,大概2012年的时候,我和另外三位朋友商量着合租了个房子,成立了一个名叫"R4"的创作团体,主要目的是想在业余时间做一些自己感兴趣的事。也就是在这期间,我开始着手搭建

印物所一角

版画工作室的雏形,一开始是自用,但后来想法发生了转变。

  版画在国外是最大的大众艺术品类之一,一方面便于收藏和展示,另一方面价格也适中。国外的大中型城市一般都会有几间版画工作室,但中国不是这样。版画市场特别是原创版画市场,在国内一直不温不火,即使在艺术品销售最红火的时期,我们在市场上也很难看到原创版画的作品,大都是油画、国画或者是观念作品,最多也就是一些名作的复制版画。当时的上海和北京只有两三家制作复制版画的工坊,身处这样贫瘠的氛围,我觉得多一个版画家不如多一间工作室。另外,我在广告公司工作期间发现身边有不少具有艺术才华的朋友,他们大多是艺术专业出身但毕业后由于生存等问题选择从事了设计行业,但依然尽力在独立创作中保持着一种个性化的情绪和风格。如果想让更多的人知晓和接触到这些"深藏闺中"的作品,版画是一个很合适的传播媒介。2013年,我和合伙人陈捷、刘沙深聊了数次觉得时机成熟了,于是正式成立了印物所。

在所里,技术和艺术层面由我管理,刘沙负责渠道,陈捷负责运营和资金,排名不分先后,当然他们都叫我"所长"。印物所的核心定位就是一个纯粹的版画工作室,为艺术家印制和销售作品。但为了更好地推广版画,我们在资金和人手都极为有限的情况下,还慢慢延伸出一个公共教育性质的定期工作坊,同时精心策划和组织了一些小型的版画展览,这些当然都运用到了在广告公司积累的经验。

## 商业化才是唯一出路

印物所的发展方向与国外的版画机构有很大不同。国外的工作室有政府、教育或艺术基金的背景支撑,根本不用考虑盈利问题;但对于印物所来说,目前得不到政府和教育机构的资源,社会上的艺术基金运作也很不成熟,商业化才是唯一出路。印物所的经营模式很简单,就是与艺术家合作,先印制他们的作品,再找网络渠道和线下的艺术品商店销售,最后一起分成。

在我们的业务结构中,版画是核心,可分为原创版画和复制版画。原创版画是目前的工作重点,这需要艺术家在构思创作时就以版画的形式与语言作为出发点。复制版画是通过版画的方式将艺术家的原作制作成具有复数性的作品。手工的版画印制不同于商业印刷。商业印刷追求的是准确性、高效及低成本等;而一件手工版画里则有许多随机和感性的东西,同样需要艺术家的现场确认、控制和参与。商业化的做法还有很多,包括独立出版和家居等,既是作品的延伸,也有助

手工丝网版画《马戏团》，山口真生作品

于普及版画的魅力。

迄今为止合作过的艺术家大概有60位左右，插画师马岱姝是其中比较典型的，因为同时涉及到复制和原创这两种版画类型。她毕业于伦敦中央圣马丁艺术设计学院，花两年时间画了一本叫《树叶》的彩铅绘本，在很多国家都有发行。去年，这本书在中国也出版了。马岱姝联系所里说想印成版画，但她本人当时在西班牙，来不了上海。我们就尝试用电脑技术提取颜色，再用版画的方式印刷出来。我们和马岱姝一共合作了六幅作品，整个过程非常顺畅，市场销售情况也非常令人满意。由于双方对第一次合作的认可度很高，于是今年夏天作者又与我们进行了第二次合作，并且来现场进行创作。

与其他因素相比，我觉得培育市场是最难的。艺术品的审美与消费在欧美已经趋于成熟，但亚洲地区还没有充分发育，日本、韩国、中国的大众消费者还没有养成购买艺术品的习惯，这不是一两家画廊就能改变的状况。因为没有特别可供借鉴的发展路径，真正困难的地方就在于如何一步步从无到有地实现这件事。不过，我还是坚持看好版画市场的潜力。版画作为一个独立的艺术门类，在技术上没有特别的门槛，又有很大的手作成分，具备与大众的亲和力。北京、西安等地逐渐也有了一些类似的工作室，我们很高兴有更多同行涌现出来，不过他们也需要时间去积累和提升，没有捷径可走。

中国传统的水印木刻曾经达到极高的境界，之后逐渐衰落。现在国家相关部门在做一些抢救工作，但效果不是很理想，原因还是和市场有关。举一个小例子。2005年的时候，我去日本玩，京都一家名叫竹笹堂(Takezasadou)的小店让我眼前一亮。店主祖上就是做传统浮世绘木板印刻的，传到现在已经第五代了。现在的传承人将传统与当下年轻人的需求结合，除陈列一部分传统的浮世绘精品外，还积极与年轻设计师合作开发新品，题材活泼，价格合理，纸张和油墨的质感精到，产品很受欢迎。而我们的技师和工匠如果始终不能得到市场的认可，又如何获得从事这份工作应有的骄傲感与成就感呢？即使得几个专业奖，也于事无补。

## 偶尔做一两件作品不叫职人

做一个版画艺术家和经营一间版画工作室之间的区别非常大。自我的艺术创作所涉及到的技法是有限的，受到个人风格的制约，不可能将所有的技法都用上去。但作为一间工作室的艺术总监就需要熟练掌握多种技能。还有一个重要区别是印数，独立艺术家的版画印数通常是很有限的，五张或十张，最多二三十张。但站在工作室的立场，如果和艺术家的合作仍只印这些就不够，通常都要上百张，甚至是数百张。这对制版和印制技术的要求是完全不一样的，我们也仍在摸索和学习中。

我觉得偶尔做一两件作品不叫职人。职人应当保持一种每天都在做的状态，并且在数量和品质上达到一定水准，而这种良好的状态确实是需要花时间

石版

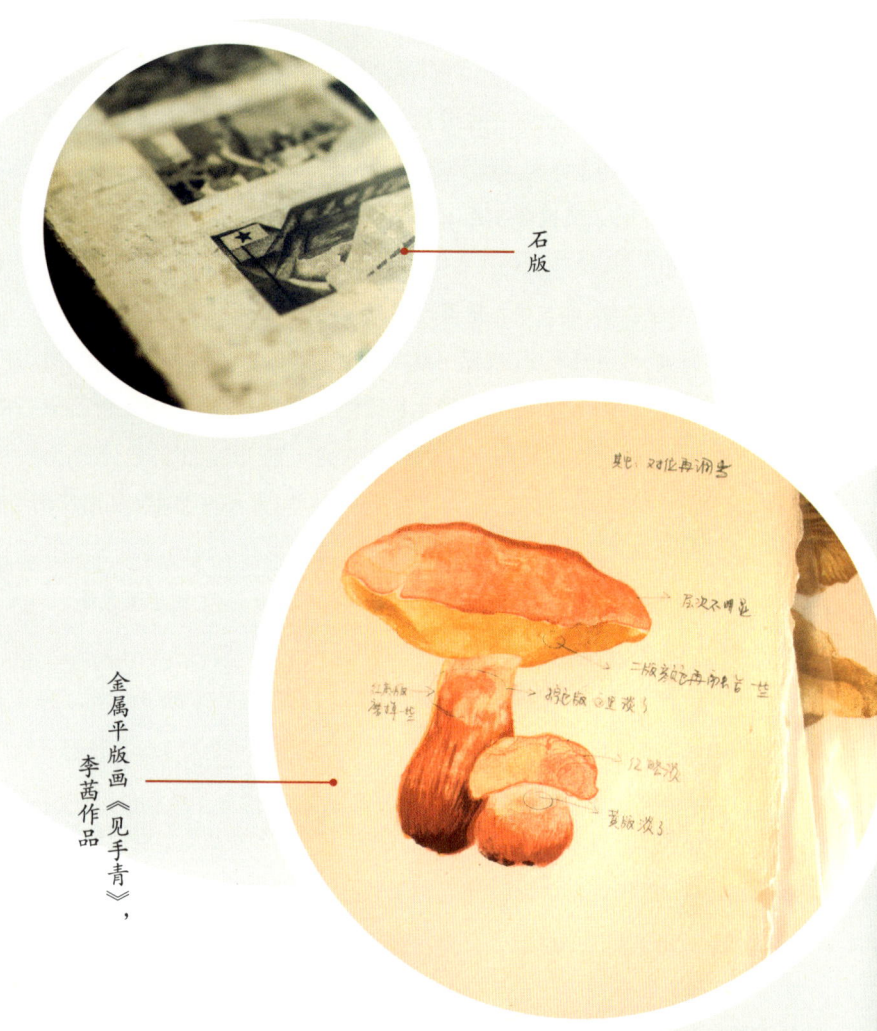

金属平版画《见手青》，李茜作品

调整的。

印物所刚成立第一年的时候，我还坚持创作，但随着事务越来越繁杂，团队建设、空间布局、技术辅导、日常运营和策划展览等几乎耗费了我全部精力，所以现在基本没有时间做自己的东西。停滞只是暂时的，我不会放弃。就目前来讲，确实很难腾出手来。印物所目前规模在十个人左右，来应聘的大部分是设计专业的，只有一位是美院版画专业的。我选择新人的首要标准是要真的喜欢这件事情，当然有经验能节约成本，但如果想让这件事情变得长久，热爱和耐心则是最必不可少的。毕竟，版画的制作周期长，工序枯燥，效果不尽如人意时也很痛苦。

我学过所有的版画工艺。在国内学习的时候，因为石版资源非常少，所以主攻铜版，到了德国以后则专攻石版。刚工作的时候，受到机器设备的限制，一开始只能做一些木版，也由此对木版产生了新的认识。木版的材料和工具在所有版种里面是最朴素的，就是木头和刻刀。但如果深入下去，变化超乎想象。无论是浓烈的浮世绘，还是淡雅的木版水印，都极富魅力。因此在我看来，木版画虽然是历史最为悠久的一个版种，仍有很多可能性尚待挖掘，这也是我近年来在创作中偏爱选择木版的原因。

**访谈时间**：2016.07.11/2016.10.25

# 再造衣银行
# Reclothing Bank

**品类：服装**

张娜 80后 双子座·北京人

> 惜物的初心，
> 对布料和生产制造的尊重，
> 对时尚的再造，
> 对成衣起死回生般的再创作，
> 都在娜娜富有禅意的脑海中。
> 我觉得这才是真正的设计，
> 对生命的大爱。
>
> ——中辉文化传播创始人 黄丽珈

## 第一波里的观察者和见证者

我在服装方面的启蒙主要来自父母。爸爸早年毕业于中央美术学院，后来成为一名醉心古栈道题材的职业画家，也做舞台美术和电影。在我的记忆里，父母一直都很时髦并富有生活情趣。小学五六年级的时候，家里就开始买一些《ELLE》

Basic 众 *

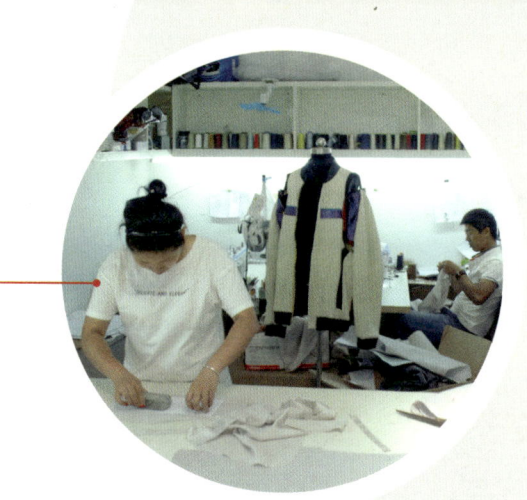

位于常熟路的工作室

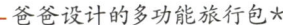
———— 爸爸设计的多功能旅行包*

这样的时尚杂志。初中时,爸爸还给我买了90年代非常有名的宫泽理惠的写真集,并告诉我女孩子要善于发现自己的身体美。他们鼓励我给自己设计衣服,妈妈经常带我去她的裁缝那儿,我画图样、选面料,让裁缝做。我们家也是改革开放后最早旅行的一代,记得有一次大年三十,爸爸特意带我们去坐午夜12点的火车,在去火车站的路上,整个城市烟花漫天,就像是为我们全家放的一样,奇幻至极。平时非常拥挤的车厢里空空荡荡,我就在里面来回跑,记忆很深刻。那个年代买不到旅行装备,爸爸专门用沙发革设计了一个多功能的旅行包,不仅外观很酷,而且内藏有一个可以插伞的机关,方便雨天腾出手来拍照。

家族里有许多艺术家,我从小耳濡目染地觉得从事艺术是一场以自己为对手的孤独之战。所以即便同时报考了油画系,我最终还是选择去西安美术学院学习服装设计。本科毕业以后,我比较匆忙地做了一个出国留学的决定,到了巴黎MOD'ART国际时装艺术学院。在那所学校,同学们的作品并没有给我太大的震撼。一个偶然的机会,我认识了一批年轻的意大利艺术家,于是就和他们一起在意大利做地下展览。可能正因为这段自由自在的游学时光吧,回国以后,我的第一组设计就非常成熟。

选择上海作为事业的起点是深入考量的结果。我那时的理想是想拥有一个属于自己的独立品牌,而上海的服装产业链相对比较完整。另外,我从小就爱看张爱玲的书,我想看看张爱玲的上海。2004年,我加入静安鸿翔旗下的EVCODE品牌,前后待了整整三年,从设计师一路做到品牌总监。2007年左右的长乐路呈现

出一种非常鲜活的状态,独立服装设计师翘翘、邱昊、何艳等开始逐渐发声。我算是这第一波里的观察者和见证者。他们的所作所为鼓励了我,当我成功地把副线品牌EVCODE做成主力品牌之后,我知道也可以开始自己的道路了。

## 一朵双生花

2007年,我辞职后旅行了一段时间,2009年底正式成立个人品牌FAKE NATOO,第二年又启动了再造衣银行。一直以来,我都喜欢旧物,但又不满足仅仅延续旧物的状态。旧物上面那些磨损和褪色的痕迹就像是包浆,散发着天然的魅力,但旧物的背后还是人,是那些过往的记忆与情感。我想用Redesign去链接人的过去、现在和未来。当时我受邀去奥地利做一场秀,虽然主办方的邀约源于FAKE NATOO,而我却想让大家看一看再造衣银行这个完全不一样的项目。那场秀的效果特别好,给了我很多信心。

再造衣,即旧衣服的升级再造;银

Ready To Wear 乐★

为星巴克臻选"上海烘焙工坊"定制的新面料

行,指一种受理旧物料的储存、流通、汇兑的模式。在再造衣银行的最初构想中,环保、公益、慈善等性质都不是主要的,出发点是希望提供给人们一种不一样的生活方式,同时带动环保这些概念。所以从一开始我就很清楚要实现的是可以批量生产的商业产品,而不只是上杂志或走走秀的作品。我并不赞成以慈善、公益为标签而缺少设计高度或过于快销化的做法,那样会造成二次浪费。

  无论作为项目,还是作为品牌,再造衣银行都没有接受过外来投资。第一个阶段是和祥子(张慧祥)的合作,当时他在北京想做中国第一家慈善商店。祥子的公益观念启发了我,一起尝试合作的模式大致就是他用大家捐赠的旧衣服和我一起设计拼布面料,然后由祥子组织"同心互惠"公益商店的女工清洗、消毒、分拆旧衣并拼成新面料,并支付给她们酬劳,我再用这些面料设计成新的衣服放在祥子的店里出售,我们还把销售所得的10%用于留守妇女的职业再培训。市场的反馈令人鼓舞,记得那年我们一共捐赠了将近三万块钱,帮她们购买了缝纫机等设备。

然而，祥子的店最终还是结束了。原因是那几年我的工作重心主要放在FAKE NATOO上，再造衣银行的项目虽然一直没停，但出货量不大。此外，我发现当一件旧衣服被拆解之后，还需要重新消毒、洗涤、设计与制作，所花费的时间、人力和资源成本并不少。这种类似高级定制的再造衣模式耗时耗力，无法量产，似乎有点背离了链接大众的初衷。

2014年，我搬到了目前这个工作室，空间比较大，于是就有想法为再造衣银行做第一次国内展览。我邀请郭晓和张丽妍来策展，想让再造衣银行的发展模式回到设计本体的探索。我们把三层工作室都布置成展览空间，那天来了好多人，大家都很兴奋。

第三个阶段是从2015年开始的。我为FAKE NATOO提炼出"暖"这个概念，明确了FAKE NATOO的灵魂。作为一名设计师，最重要的是精神和灵魂。一个人无论多么坚强，内心里面一定包含着一种巨大的柔软。失去这种柔软，就会失去对世界和对自己的爱。这时候我突然发现，原来再造衣银行与FAKE NATOO的核心理念是相通的，就像双生花，花开两朵，各表一枝。接下来的商业拓展就成为顺理成章的事情。2016年12月，再造衣银行在张园举办了国内首场发布会，订单方面的表现也十分优异。

## 众、乐、载

再造衣银行有"众、乐、载"三条产品线。

"众"是旧衣改造的基础线，也包括对库存的处理。对我来说，尊重物料很重要，希望赋予它们以新的生命。经过标准化的研究，已经实现了工版设计和批量生产。比如依据我们提供的纸版、材料和完整的系统指令单，工人就可以把两条牛仔裤变成一件夹克，或是把两件衬衫变成一件长袖衬衫。制衣过程是相同的，但每一件又都会带有一定偶然性。

"乐"是高端成衣的创作线,强调自己和顾客都能从中获得一种快乐的设计体验,在面料、手法和审美上都更突出设计体系的自主性。

"载"是定制线,必须根据收到的衣服和对这个人的理解来做即兴发挥,因此设计就是在整个制作过程中完成的。我原先特别不愿意做定制,但当看到有那么多人拿着衣服找上门来时,我发现定制化的设计可以留存和延续记忆,这份公众化的情怀其实属于所有认同再造衣银行理念的人。

再造衣银行的最新系列在再生面料方面取得了很大进展。我们与国内的面料供应商密切合作,介入再生面料的设计、开发并制成新衣。比如工厂将NGO回收的公务员制服高温消毒后全部打碎,然后重新提取纤维、纺纱、织线,和新面料没有区别。我们完成面料设计、服装设计并制成新衣,在这个过程中甚至不需要再用到染料,进一步达到了减少污染的目的。

2017年,再造衣银行还为星巴克海外首家臻选"烘焙工坊"独家定制了一款全新面料,基础是咖啡豆麻袋上所用的再生棉,我们在另一面做了防雨涂层的设

张园走秀 *

计,上面的印花是我创作的一个涂鸦图案,表达了关于人、城市、植物、再生和手工的一些思考和想法。除了面料能以旧焕新,面料设计本身也可以焕发新生。我们曾复刻日本和服上的图案,通过Remix和Redesign的手法让它变成一种新的面料,实现批量化生产。我觉得这也是对过往设计的一种尊重。

## 向世界传递爱的一种方式

手作是有人情味的,通过设计来提升和再造手作的价值是我向世界传递爱的一种方式。在参加朱哲琴发起的"世界看见"活动中,我在青海的一个村子里看到了加牙藏毯。工业化藏毯出现以后,手工的加牙藏毯就没落了,只有一个传承大师和他的家人还在坚持。两个人做一块1.8米×2米的纯手工地毯要耗时一个月,但出厂价也就只有两三千元。

看到这种情况,我心里非常难受。为了帮助少数民族手工艺,我曾经设计图样后下单请宁夏的绣娘来做,但松散的村民很难组织起规模化的生产。这一点诺乐(Norlha)就做得特别好。他们的合作社体系已自成一格。第一次看关于诺乐的视频时,我真的看哭了,没想到一个外国人如此实实在在地帮助中国藏区的人民。这才是真正的世界之爱。我想这不就是"暖"嘛,所以下决心要和诺乐合作。

从2014年开始,我们已经与诺乐合作了4年,并且会继续深入下去。我本身就非常热爱西藏,每隔一段时间就要去一次,不爬山不探险,就是在那儿安静地生活。我发现藏民会将牦牛绒揉搓成毡垫,既保暖又好看,于是就想用这种材料做面料和衣服。我们在咖、白两色牦牛绒的基础上,又开发了更多的色彩和图形,并且加入一定比例的羊绒,使之变得更加柔软,也更易保持天然染料的色泽度。牦牛绒大衣真是轻极了,重量仅有一公斤,保暖系数又高于羽绒服,真是货真价实的高原软黄金。牧民们也很开心,因为再也不用在牦牛老了以后宰杀它们了,我们做

同心女工合作社 *

一件大衣要消耗1公斤牦牛绒,而一头牦牛一年也仅可梳下来2公斤绒。

  不管是手作还是机器,我们强调的都是一种精神。目前的社会环境太浮躁了,这是一个必经的发展阶段。当经济不再高速增长时,大家才能得以静下心来,认认真真地践行工艺的传承与研究。另一方面,我想通过这种再设计的方式带给人们一种新的生活观念,其核心在于能否产生精神上的指引,也就是一种精神附加值。

  再造衣银行和"同心互惠"公益商店的合作已经持续很多年了,我们一起把捐赠的旧衣服变成新的面料。在我们下单期间,同心合作社的几位妈妈们的月收入可增加两千元左右。那么,当另一位城市女性购买下这件心仪的衣服的时候,她其实已经同步完成了环保和公益的部分。这种情怀不是刻意强加的,不是让消费者为设计师的梦想买单,而是让产品自然而然地体现设计师与消费者共同的价值观,我觉得这才是再造衣银行真正核心的属性。

访谈时间:2016.08.29/2017.07.25

# 不华

品类：陶瓷

（右一）金珅 80后双子座·上海人
（右二）陈颖 80后双子座·上海人
（左二）卢晓怡 80后水瓶座·上海人
（左一）郎杰 80后天秤座·山东潍坊人

低调务实的「不华」延续了几位女性创始人从Spin带出的从容风格，同时为品牌带来了一种柔美的气质，看似具象的形态却凝聚着设计师对于设计和陶瓷工艺材料的理解，简约而不失雅致。

——产品设计师、大好设计河山创办人 刘云龙

### 静水流深，大美不华

**金珅：** 我出生在上海，跟随上山下乡的父母在江苏常州度过童年，所以只能算半个上海人。父亲对我的影响很大，他本职是教师，后来做过裁缝，回到上海后在建材行业从事设计和工程预算工作。虽不是科班出身，但也算是半个设计师，感谢他鼓励我选择了同济大学的

花世界－玉兰＊

装配『爱丽丝』胸针

爱德华与爱丽丝陶瓷胸针

工业设计专业。

我从大三起在老师的设计公司工作,其间有半年参加了德国西门子的学生设计营。那时候国内工业设计刚刚起步,五年时间里接触到不少很有意思的项目。后期我的工作重心渐渐转向设计管理,跟市场、技术、财务各方面打交道比较多,离设计越来越远。

2007年,我开始了解到Spin人间陶瓷。当时具有这种设计氛围和审美态度的品牌在上海非常少,可以说是震撼了我。于是我下决心辞职,去了Spin。因为之前没有接触过这一行,先在工作坊兼设计部接受了三个月的培训。然后一边做设计,一边做销售,也负责客户的定制。在这个过程中,我积累了很多关于陶瓷的知识,也开始经常去景德镇了。我在那里差不多工作了三年,后来因为家庭原因离职。

其实,我不算很合格的设计师,对客户的委托常常感到无从下手。相比之下,更愿意专注在喜欢的事情上面,不受约束地去实现自己的想法。可能也正因为这样,我离开Spin之后就开始筹划自己创业。不华正式成立于2012年的春天,名称取自"静水流深,大美不华"。这段时期,好朋友卢晓怡和陈颖正好也厌倦了朝九晚五的上班族生涯,我就顺水推舟邀请她们一起加入。郎杰,是我们的另一位合作伙伴,她在景德镇的工作室里负责产品研发和生产管理。2014年,我迁居德国。不华的工作团队目前分布在德国、上海、景德镇三地。

我很喜欢上海,每年都会回来,这座城市的生活形态丰富多元。像华山路这条小小的弄堂里,既住着上海阿姨、阿叔,还藏着不少像我们这样的小工作室,上海摄影家协会也在这里。各种各样有意思的人聚在一起,多元和包容比较容易激发创新。

**卢晓怡:** 在加入不华之前,我在出版行业做了七年编辑,工作强度很大。有了孩子后就离开了出版业,在母婴网站工作过一段时间。我们和金珅是中学同学,她自己先酝酿了一年半左右,业务比较稳定了,才叫我们辞职的。我们现在都是半职业化工作状态，每日的工作时间不长，比较轻松。

**陈颖：** 我之前在社科院工作了很多年，之后还在出版公司负责开发图书周边产品。我们几个的知识结构是互补的。金珅是设计师，卢晓怡负责推广与渠道，我负责产品以及包装的生产。在加入不华之前，我没接触过陶瓷，做多了就慢慢熟练了。订单多的时候，工作量还是挺大的，如果都是我做会来不及。金珅的爸爸帮了我们很多忙，他的手艺很好，平时就帮我们装配茉莉、贝壳、樱花等几个长销款。因为这些用的是定制好的整链，所以老人家可以在家里做。他还设计了"不华"的小首饰袋。

四季歌—秋兔＊

## 我们是很幸运的

**金珅：** 不华，属于小众饰品。陶瓷饰品通常被认定是廉价的东西，所采用的配件也都很便宜。但我们觉得陶瓷是技艺和文化的载体，具有独一无二的美感，工厂式的粗制滥造纯粹是浪费资源。不华的陶瓷产品是在景德镇的工作室里小

花世界—樱花＊

批量手工制作的,使用的配件是更适于佩戴的贵金属和半宝石,希望客人能长期使用,而不是随手玩玩就丢弃。另一方面我们的定价属于时尚饰品这个层面,适合普通消费者,这又回到我们对于陶瓷的理解:陶瓷是被人使用的器物,大多数情况下不应该按照传统官窑的标准来界定。

我虽然离开了Spin,但从那里学到了很多东西,尤其感激郭鸿志老师和王国屏总监,他们总是乐意帮助和扶持身边的年轻人。一开始,我都没敢想能把"不华"的产品放到Spin的店里去,但郭老师认为客人会喜欢,并且非常慷慨地允许我们以自己的品牌来销售。在起步阶段能得到这样的帮助,应该说我们是很幸运的。

"四季歌"系列是我们的第一款产品,主体采用是最能代表景德镇陶瓷的薄胎工艺和青花手绘。景德镇的薄胎瓷采用拉坯、利坯工艺,多用于器皿。我们用的是刮泥手法,制作出达到期望厚度的泥板,再切割出所需要的形状。坯在风干的时候会变形,烧制的时候又会变形,所以每一片成瓷都不一样。可能是因为上海四季分明,手绘青花的主题包含春、夏、秋、冬的时令性。我的夙愿是将来能结合新金属工艺再做一遍"四季歌",尽量把它做得更好。

目前最受欢迎的是"花世界"系列,包括樱花、茉莉、桂花和玉兰。我个人觉得有点具象,但非常受欢迎,市场接受度很高。玉兰的雏形是郎杰早年的设计,但是被copy得太多了。在景德镇,一旦你推出了一个成功的设计,很快就有大量复制。所以我们尽量从技术和配件上面来寻找差异性,结果玉兰反而是最后一个进入"花世界"系列的。

我们也有一些轻松有趣的产品。兔子胸针的原型源自一本童书——《爱德华的奇幻旅行》(The Miraculous Journey of Edward Tulane),这本小说讲述了一个动人温情的故事,书里面的主人公是一只小瓷兔子。我们设计了蓝色款的爱德华和白色款的爱丽丝,并给它们戴上了一条项链。也延展了佩戴和使用的方式——胸针可以一拆为二,一件是陶瓷兔子胸针,另一件是软指环,也就是小兔子

陶瓷花器 *

的项链。

**卢晓怡：** 不华有自己的网店，金珅到德国后又拓展了海外渠道。国内合作的实体店方面，Spin是目前陈列最全、销量最大的，接下来是Hey! Jewel。他们刚成立就已经邀请我们加入，现在也是不华挺重要的一个合作伙伴。目前我们不打算进入不熟悉的代销渠道，但今后可能会做很多推广，让那些兴趣相投的客人更容易找到我们。

我们的发展并不很快，但拥有不少热心的粉丝，有新品会追着买，有些客人慢慢就成了好朋友。比如有一次在南京，金珅偶然发现一位女孩子佩戴了我们的茉莉耳线，当时是第一次在外面看到客人佩戴自己的产品，就上前认识了一下。一开始也没想那么多，但后来因为我们的摄影师也在南京，这位漂亮的女生就成了不华的模特，拍摄过不少精彩的照片，现在回忆起来是挺有趣的。

## 产品和作品不一样

**陈颖：**不华的手作在于两个环节，一是陶瓷，二是装配。我觉得陶瓷的手作成分是很难减少的，这是景德镇陶瓷的特性，所以我们会运用很多手工技法。但装配方面尽量追求标准化，刻意减少手作的工序，以此保证产品品质的稳定。在陶瓷这个行当，如果要以手艺人的身份达到很高水准的话，需要长时间的积累。我们制作的是产品，而不是陶艺家式的作品。产品和作品不一样，陶艺家可能对配方或釉色等工艺有更多的想法，而产品最困难的地方在于品控、流程等技术与管理环节，也就是从想法到实践之间的衔接。

**卢晓怡：**比如我们的"花世界"始终很难与时令保持同步：玉兰按理应该初春销售，但就是完不了活；而樱花款只限3月初到4月底销售，卖完就不做了。因为这两种饰品都是手捏花，我们在景德镇请的捏花工艺师技术非常好，但他不一定总是有空。平时销售的是注浆樱花款。我们的产品也有不少抄袭者。他们当然不会用手捏，而是全部用注浆，比我们的产品大一圈，配件采用合金，比较粗糙。我们的客户一般不会去选择这样的产品。将来，我们希望自己的瓷器能够越做越小，越做越薄，越做越精致。越是极端的方向，也就越难被模仿。

**金坤：**陶瓷的表现力是很丰富的。我个人比较喜欢一些简单低调、点到为止的设计，不喜欢为设计而设计的做法。设计的可能性太多了，而一个人的精力有限。与挑战那些不适合自己的东西相比，不如长久地专注在一个方面，不断学习和探索。只要坚持下来，不受短期流行趋势的干扰，应该能形成自己的风格。

访谈时间：2016.10.19/2016.10.25

# 手羊毛工作室

**品类：羊毛毡**

我欣赏在家工作的人，因为我自己在家工作了二十多年，孤寂、悠然、环保。

——平面设计师 姜庆共

张姚真 80后水瓶座·上海人

## 柔软和坚韧的感觉直达内心

我从小就喜欢手工。父母以前是上海工艺美术学校的，爸爸动手能力很强，家里的柜子、椅子什么的都喜欢自己做。工艺美校80年代的时候还在嘉定外冈，远得没有办法回家，父母长期住在那边，我就在美校里面读幼儿园，平时没事在校

美丽诺羊毛

花果

园里面晃来晃去。上学以后,到了假期,因为家里没人带孩子,妈妈还把我带到学校里住,看着大哥哥、大姐姐做手工、画画,觉得挺有趣的。也许在那时候,就有这样一颗种子埋在心里了。

我后来毕业于上海大学美术学院,读了视觉传达设计的本科和会展设计的硕士。其间断断续续在不同的企业和品牌公司担任平面设计师的工作,也做过一段时间的Freelancer。一直到2011年,我有孩子之后就辞职了。为了陪孩子玩,我做过各种小手工,包括漆艺和草木染等,边玩边学也挺开心的。一个偶然的机会,我参加了上海大学公共艺术创意协同中心组织的一个手工艺术工作营,澳大利亚的著名纺织品设计师、毛毡艺术家Lucyna Opala担任了课程指导。当时她主要教的技法叫NUNO,这是一个日文词的音译,指的是衣服和面料的意思,就是把面料

制作湿毡的过程：铺毛—撒皂液—卷气泡膜—擀毡

和毛毡相结合，现在很多地方都会运用这种技术。Lucyna上课时拿出自己的大尺幅作品，特别令人震撼，我一下子就喜欢上了这种材料。也就是说，从遇到Lucyna的第一天开始，羊毛和我之间的缘分就自然而然地来了。后来我和Lucyna成了好朋友，她每次来国内时我们都会有交流，经常探讨关于材料和设计的问题，我也会参与她在国内的一些项目。

毡化技术其实不难，课程结束以后，我就在家继续从事毛毡手作，越做越有感觉。当手指触到羊毛，那种柔软和坚韧的感觉直达内心，羊毛的这种品质正是我所欣赏和向往的。一般而言，对于贴身使用的湿毡作品来说，所用羊毛越细越好。我做得最多的是围巾，如果毛的直径太粗，既不容易毡化，又会让皮肤发痒。为此，我花了一年多时间研究和开发新材料，特别是羊毛半毡布，国内没人做，国外的又太粗，不适合做贴身使用的产品。我到处打听，包括咨询澳大利亚国际羊毛局,还跑了国内很多地方寻找供应商,终于摸索出了所有的渠道。一般很少有像我这样自己开发材料去做毛毡的人,但要想让毛毡制品具有更为细腻和精致的质感,就不得不这么做。目前这批材料的精细程度应该是最高的,用它们来制作出的半毡布也许找遍全世界都少有了,也算是我的"秘密武器"吧。

## 身体与羊毛对话的过程

我所用的美丽诺羊毛是从澳大利亚进口的。在世界各地的绵羊毛品种中,澳大利亚美丽诺绵羊毛的细度最佳,品质最好。因为只有那边的草原环境以及饲养方式才能产生那样的绵羊品种,才能产出那么细的羊毛,其他地区的绵羊毛还达不到美丽诺羊毛的细度。可让我意外的是,在澳大利亚反而买不到最细的羊毛,因为每年有大批的超细羊毛被运到中国来加工了,即便Lucyna带给我的高品质澳大利亚半毡布也是20微米以上的,真正的100支羊毛应该是16.5微米。这种羊毛不是什么时候都有,等很久才能订上一批。

把毛条买回来之后还需要找厂家染色。染色有一个非常严

春日萝卜花围巾*

彩虹披肩＊

格的国际环保标准，我找的是通过"Tax Standard 100"欧盟认证的厂家，自然就比较贵，而且通常不接小批量的订单，一染就是200公斤以上。至于混色毛条，工厂也没法做这么小的量，所以我千里迢迢从国外网站买了一个小型刷毛机器，自己动手尝试获得更多的肌理质感。

　　下一个步骤是制成毡布，要做到又薄又均匀很不容易。我找了多家毡布厂求它们试做，有家厂一上机器就说做不了，毛太细，机器坏掉了。现在找的这家厂做得不错，但是需要很大的量才行，200公斤对它来说微不足道，上机器一掉下来就是两三公斤，损耗很大。总之，想要获得高品质，颜色丰富，质地均匀的羊毛半毡布，需要一次投入大量超细的羊毛，找到经验丰富的技师才能完成。

　　羊毛在毡化过程中会起变化，一般就是针毡和湿毡两种。针毡容易上手，适

花果

小海胆

合做一些小物件。我用的是湿毡法,大部分人可能听说过,但并不知道具体是怎么做的,或者只是做一小块,不是大体量的东西。其实,几千年前的原始人就已经发现了动物毛发的毡化原理。羊毛虽然已经脱离了绵羊的身体,但仍保持着独特的个性,如同羊群般不容易控制。所以,每一次湿毡制作都是身体与羊毛对话的过程,充满着冒险和惊喜。各种不可预测的结果既在想象之中,又在意料之外,这也正是最有趣之处。

如今,擀毡这门传统的手艺已脱离了先前纯粹实用的范畴,更多的艺术家和热爱手作的人参与其中,不断发展和演变。不过,擀毡人这个职业首先仍是一个体力活,一次次重复的劳作如同修炼,不断探索着人与材料相处的方式。以我常做的围巾为例,湿毡的第一步是铺毛,这是基本功,就是把毛条铺成一缕一缕的样子。如果没有半毡布，对铺毛手法的要求就会很高，必须铺得很均匀。加入真丝的目的是为了提高局部亮度，增加层次感和舒适度。但真丝单独不能毡化，必须和羊毛在一起才可以毡化。铺毛要考虑设计构思和色彩搭配，方法有很多，也挺好玩的。接下来，把洗衣皂融化在温水里，然后一点点撒在铺好的羊毛上，将它们全部打湿，羊毛的毛鳞片在碱性的肥皂水里会张开。然后用一个滚轴擀铺好的毛，要擀足1600下才行，四条边每个方向各400下。在这个过程中，张开的毛鳞片遇到压力和摩擦就相互缠绕，越绕越紧，逐渐形成了一块毡化物。最后一步是把擀好的毡布洗干净，晾干后熨烫平整。

## 手作就是生活的沉淀

我一直在探寻羊毛毡的多种表达方式，这种神奇材料的可能性太大了，简直无所不能，既可以作为一种产品面料，也可以作为一种具备笔触感和色彩性的艺术语言。毛毡作品形态上可以呈现出立体的、平面的、褶皱的、平整的、轻薄的、厚重的等多种效果。在创作中，我寻求突破传统的边界，用毛毡与真丝、毛线、金属线等各种纤维材质巧妙结合。为此自己动手染布，还曾养蚕后烧煮蚕茧，用获得的蚕丝结块染色，表现一种特殊肌理效果。同时，我也在不断寻找羊毛毡在现代生活中的创新运用，用毛毡做成围巾、披肩、衣服、鞋子、玩具、首饰、包袋等多种产品，发现它的更多可能性。

之所以能够从坐在电脑面前的设计师转变为一名不插电的手工艺人，是因为羊毛柔软、坚韧的品质正是我所欣赏和向往的。羊毛赋予我强烈的创作欲望，好像有一双无形的手推动我一步一步地前进，做得越多就越想继续尝试，看到的空间也越大，好像永远都无法完全了解毛毡的全部。我的灵感主要来自材料本身，作品要最大程度地体现出材料的特性。所以与其说是我在制作毛毡，不如说是在读懂毛毡和顺应毛毡。

　　手作就是生活的沉淀，需要一个很长时间的积累过程，得耐着性子去做，必须抵御很多生活的压力，如果做一段时间便换了兴趣，就不叫手作人。而且手作人应该靠手吃饭，我自己也刚开始不久，还做不到这一点。虽然已经积累了一些作品，但不急于销售。有时会在朋友圈里展示一下近期的创作成果，大家对此都挺感兴趣。手作展上也有不少朋友前来询问能不能商务合作或是来这边学习，但目前我的精力主要还集中在创作方面，除了接受一些定制作品之外，也给朋友们上体验课程，分享制毡的经验与乐趣。如果与别人相比，我算是做得非常投入的，作品相对来说比较丰富，但还远远不够。可以做的东西太多了，还有很多想法没来得及去实现。我想等产品制作过程完全稳定下来以后再考虑市场的事情，现在每件作品的效果都是独一无二的，更像是一个实验性的档案库。

访谈时间：2016.12.01

半圆裂片围巾＊

书法围巾＊

# 顽童锔

**品类：锔瓷、野茶**

作为『半路出家』的锔瓷人，童维成在其中迅速地找到了创作的单纯本原，以此反思古训中的精华与糟粕，于是造就了其作品中的清丽之美。

——独立编辑、自由撰稿人 汤白

童维成 80后双子座·安徽金寨人

## 少谈个人，多谈行当

我到上海已经16年了。刚来的时候投靠亲戚，老家方言叫"住闲"。找不到工作时只好去工地上干活，吃了不少苦头。后来进了水星家纺，在车间打包。那时我还做了另一件事，就是无论多累，晚上都会去南桥一个电脑培训的地方学平面设计。后来办公室缺人,就把我调上来,慢慢地变成了首席摄影师。两个品牌都是我一个人拍,一年到头没有停的时候。我很感谢水星的老板,因为我不懂理论,摄影技术就是靠一张张反转片堆出来的。

2010年的时候,家庭各方面都比较稳定了,30岁的我开始思考到底自己应该追求什么。那阵正好遇到《百家讲坛》热播,受此影响我就开始往上海博物馆跑,总觉得精神上的东西都集中在那里。几乎每周都去,按照分类一层层地看,最后选择了瓷器作为主攻方向。一个偶然的机会,我通过央视的《手艺》节目看到了师父王振海,我们在网上交流了三年。2013年,师父第一次开班收徒,我就立即报名了,一共5个人,学了一个月。为什么要学这项手艺呢?师傅当时说了一句话特别触动我,他说这一辈子可能要把手艺带到坟墓里去了。单说一个人,没了就没了,而一个行当会始终存在,我觉得总得有人把它传下去。

锔,可以让残物得以复原,并令艺术升华,体现了勤俭持家的传统美德,也是对历史的尊重和对生命的理解与敬畏。顽童锔这个艺名是与同事聊天时得到的灵感,大家说你姓童,就叫顽童吧,我觉得挺好的,朗朗上口,已经注册了。我记得2013年的时候,网上能找到的锔瓷

契合钉位

锔瓷 *

锔陶 *

镶嵌 *

锔天珠蜜蜡松石 *

匠人不足十位,哪想到如今的规模已膨胀到历史新高度。这可能和茶道的火爆有一定关系。我最近也在反思,感到应该少谈个人,多谈行当,这样才能推动行当的良性发展。听人说,2016年四大俗是锔瓷、金缮、菖蒲、麻服。我静下心来想想也有道理,锔瓷火了一整年,几乎成了一种时尚,但之后能走多远呢?最近大家又都在开班,认为开班是赚钱最快的方法。有人问我为什么不办班?一是觉得自己还有进步空间,二是市场都乱成这样了,再去掺和不太好。

## 锔活儿不抢器物

师父说,锔瓷原来是走街串巷的活儿。但因为在水星家纺工作的关系,我对电

锔琉璃

商还是比较了解的。于是回来立马开了一个淘宝店,瞬间就有流量进来,当天就有人找我锔一把壶。到2014年初的时候,我看微信火了,就把淘宝上所有的流量引入微信。朋友圈有个特点,一个人认可,他的朋友们就都会认可。所以,通过微信找我干活的人几乎都会带来新客户,业务量呈几何级增长,于是我就辞职了。现在微信里的人数已经超过4000。

锔瓷历史上分几种流派:山东用皮钻,密密麻麻的小钉,俗称"蜈蚣脚";河南钉偏少,但由于用砣钻,力量大,薄胎瓷基本都透;河北用弓字钻,直孔双钉;西北那边用钉极其少,钉脚和钉位都不直,用斜拉力,这里面蕴含丰富的力学原理。综合各家所长,我主张锔活儿不抢器物,刚入行时就会有意无意地减少几颗钉,后来到极致时只用两颗钉。我也不以钉收费,按一整个活儿计算,不想太商业化。寺

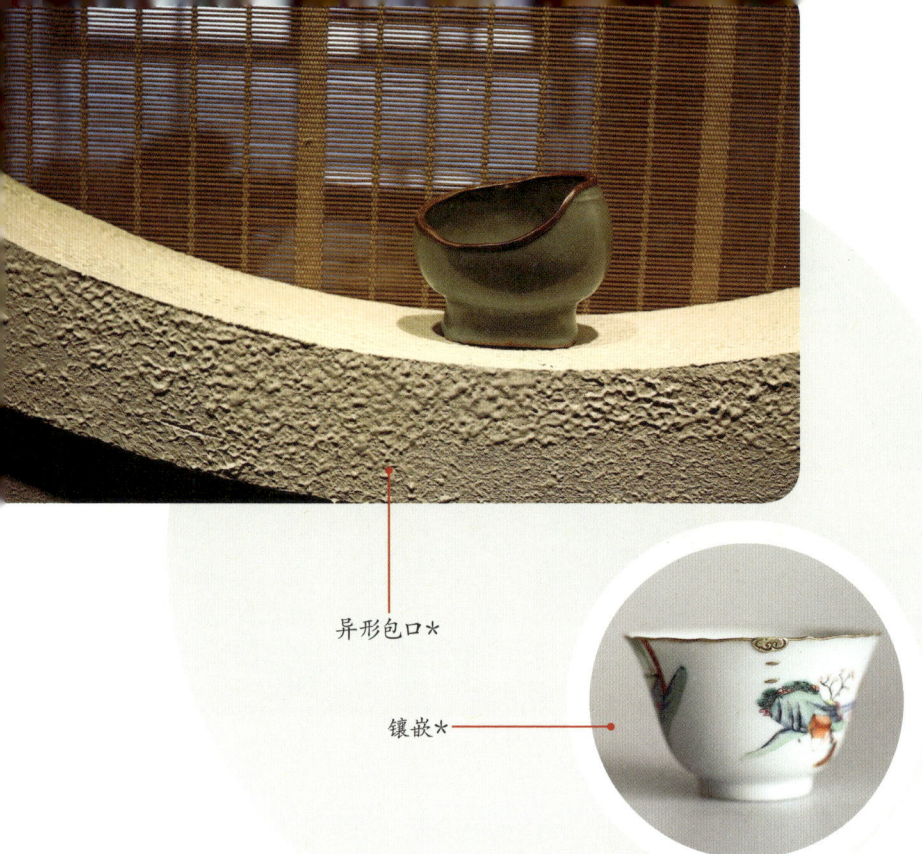

异形包口*

镶嵌*

庙供器,更是分文不取。在某些手法上,我仍然坚持传统。比如我近年来主张推广和使用铁钉,古语谓"锔"为"以铁缚物"。现在铁钉受人冷落,但它拉力大,锈蚀后更显古拙。

刚开始做活,也是积累经验。用钉由多到少,由粗到精,还有逐步熟悉各种锔料和釉面,这些都是一个必要的过程。比如我做过才知道,金不能和锡放在一起烧,否则瞬间会变成粉末状的合金。但现在很多人却说金能做镶口,其实内里还是用胶。为了保证质量,今年我刻意减少了接单量,不想心态受到影响。平时每天差不多只工作四个小时,当然锔瓷也干不了太久,一是精力高度集中,二是伤眼睛和伤颈椎。我现在是个体从业者，只想做小做精，不涨价。像一些小磕，基本就不接了，也劝客人不一定要修。任何事物的存在都有其内在的道理，残缺也是如此，放在那里可以时刻提醒自己小心使用。

锔瓷和金缮一样，都是一种放大缺陷的手法，跟商业性的无痕修复不是一回事。在这么多修复技法里，唯一不影响器物使用的还是锔。但市场需求被激发出来之后，出现了不少走偏了的做法，比如现在许多锔活，把胶变成了主体，钉子却成了装饰，这就失去了行当本来的意义。锔瓷的基本技术不难，但对于一个完整的作品而言，还要考虑很多综合性的细节，悟性不够的可能一辈子都理解不透。我修一个残件前，需要充分考量器物所处时代的造型风格和美感特质，还要了解使用这件器物的人，和他聊天，观察他朋友圈的细节，考虑他手持的感觉等等。

如果说我现在有些小小的知名度，一是动手能力还行，二是原来具备一定美学基础，三是发展出对器物的独特理解。过去的锔活儿都是大件，现在以小件收藏品为主，不能再用以前的审美眼光来看这件事。比如我不添加过多东西，而是尽可能展现老器物的年代美；也比较反感把私人喜好强加给器物的"花活"。其实任何一件器物都有自己的生命，主人只是拥有它一段时间，不能对不起它。如果非要显摆"技艺"，就会令器物失去主体性。锔活儿毕竟是"修"嘛，处于陪衬与辅助的地位。

## 天做一半，我做一半

我现在主要就做三件事：锔瓷、野茶、收藏。

做野茶的想法是帮助老家村里面的几户人家。老家很穷，家庭年纯收入不到两万块钱。我原来打算把圈子里的茶友带到村里，让村里人每年就花上20天左右的时间，可以增加一两万元收入。但老一辈人不理解这种模式，觉得看不到钱的

锡竹＊

捶丸收藏＊

都是假的。后来逼得我没办法,只好自己回家做。请老家人帮忙采茶,结果他们给我的价格比给茶厂的还贵。因为是纯野生的茶,品质上乘,没有污染。分给朋友们,大家都觉得非常好。明年,我计划把其他山头上的野茶移植到家门口那座山上,还要在当地建房子,让茶友们和采茶人一起上山体验。实话实说,手工做的野茶也赚不了什么钱。天干的年份,三斤八两炒一斤;天湿的年份,六斤半才炒一斤,一年最多不会超过三百斤,不可能有商品茶那么大的量。我就是尽可能做给家乡人看,至少用行动去改变平辈人的想法,不然下一代还是老样子。村里小学现在就两个孩子在念书,一位老师,两个学生,可想而知这地方已经落后成什么样子了。

收藏是连带的,我每年都会去各个小窑口转转,建阳、龙泉、景德镇以及四川等地,主要收藏药瓶、鸣镝等冷门小物,特别是捶丸。故宫收了4个,(其他)博物馆不到10个,我收了100多个。我觉得冷门也是一种学习态度,比如通过收偏窑的残瓷片来研究瓷器,玩久了一看就知道这一片属于哪类瓷器的哪个部分。用不着投入太多的精力和资金,但收获很大。特别是宋瓷的偏窑、残器,带给我的精神审美绝不亚于任何一个正窑口。

锔瓷是个小行当,虽然温饱不成问题,但未来一定会有一批人被淘汰。我现在的想法是能不能通过锔瓷改造器物,结合其他工艺创作少量高附加值的陶瓷作品,让锔瓷从修复技术演变为一种艺术创作手法。比如包口是从北宋定窑开始的,原来以圆形包口为主,但这件南宋的贯耳瓶本身裂得很漂亮,是个弧形口,我用的是随形包口的手法。难度相当大,因为要随形、无缝,还没有接口。改造完之后可以当作香炉或杯子使用,审美价值和经济价值都有巨大提升。目前,我在这个圈子里还没有见过有其他人这么做。像这类的就不是行活了,天做一半,我做一半,可遇不可求。

访谈时间:2016.10.28

# KKtP/KIROIC/Kinkleworkshop

品类：鞋履、配饰、服装

金奇洛 Kim 80后 狮子座·上海人

Kim是一个在风格上喜欢和擅长拥抱未来的设计师。正因为如此，他在设计KIROIC鞋履时使用了传统的绒绣工艺，并推向了全球市场，才引起了我的兴趣。

——时堂联合创始人 杨炯

## 做鞋的就我一个

我大学学的是广告专业。因为特别喜欢球鞋，所以第一份工作选择去了运动鞋公司担任产品部助理，负责商品资料的管理、订货会准备以及零售培训等工作。到2004—2005年左右，我开始在另一家运动品牌公司负责市场部的工作。这份工作给了我一个踏入球鞋设计的契机。之前一般都是由研发部门推出新设计后，市场部再来企划产品推广方案。那几年街头文化兴起,出现了一股街头艺术家与运动鞋品牌合作推出产品的趋势。公司提出由市场部牵头提出企划方案,去做一些合作性质的产品线、限量款或话题性产品。于是我开始有机会接触到产品设计的工作,参与到产品开发的流程。那段时期,市场部投入了不少精力去做与年轻艺术家的合作款产品,也策划了不少涂鸦鞋展览。这些工作为企业带来了可观的销量和积极的市场影响。但是,管理层的策略逐渐变得只愿意在涂鸦鞋上进行投入,从而放弃了品牌核心的运动精神和功能性的科技发展。因为无法认同这样的理念,我在2006年初的时候选择离开了公司。

KIROIC:与JUUN.J的合作款*

离开公司后,我开始尝试设计第一款自己的球鞋。最初的想法是外观简洁、实穿易搭的时装风格球鞋。经过九个月的努力,我完成了一款外形非常简单的修长白色运动鞋,并将第一个品牌取名为MS SNEAKER。那时最盛行的概念是创意市集,很多年轻人拿创作创意类的小产品去市集上销售。我也带着我的第一款白色球鞋去"练摊",成功地卖掉了第一双。当年的创意市集现在看起来算是中国原创设计的启蒙,从创意市集走出来很多位设计师以及他们的品牌,如今都非常成功,比如THE THING、SANKUANZ、TYAKASHA等。

当时国内市场上还没有设计师品牌和买手店这些概念，国际奢侈品牌也刚开始关注到年轻市场，可以说"时装运动鞋"或者说"LUXURY SNEAKER"这样的品类还没有在市场上建立起来。但是，一些日本和香港的潮流文化已经通过港台杂志进入大陆，影响了像我这样年纪的一大批年轻人。很多人开始尝试开发自己设计的T恤和潮流产品，球鞋在当时还是一个很高的门槛，做鞋的就我一个。所以在推出第一双球鞋的时候，MS SNEAKER产品的帖子在网络论坛上炸开了锅，一个晚上留言长达50多页，有很

KKtP产品 *

多网友说喜欢，也有很多表示不喜欢，或者说有很多人不相信一个普通的年轻人有能力做出自己设计的球鞋。加上自己不理智地"怼"了几个质疑MS SNEAKER质量的网友，引起了论坛上更激烈的讨论。

　　MS SNEAKER逐渐取得了很好的市场销量。当每个月达到几千双出货量时，我和合作伙伴在福建

工作室一角

自建了小型工厂。可能是发展得太快了,自身团队又不成熟,来自渠道的商业束缚变得越来越大,MS SNEAKER渐渐地在价格和设计上都失去了自主权。

## 就做自己想做的事

2008年的时候,我觉得需要寻找突破,首先想到的是在零售渠道上掌握主动,于是开了家名叫KKtP的小店,KKtP是国际象棋里小兵的简写,小兵必须勇往直前,如果能成功到达对手底线便可升级成皇后,我希望这个名字可以激励

KIROIC绒绣鞋*

我不断向前。KKtP不仅仅售卖MS SNEAKER的球鞋,也找来了SANKUANZ、TYAKASHA等设计师,算是一个买手店的雏形。因为客流不多,店铺生意不佳,又没有预算请店员,于是便有很多时间在店里和很多设计师聊天。慢慢萌发了一个新想法,干脆在MS SNEAKER之外再做一条产品线。不需要考虑零售商的压力,完全以设计为先,就做自己想做的事!于是就有了KIROIC。

创立KIROIC,就是为了在设计上找到突破点。第一个设计想法仍然来自我最擅长的球鞋设计,但又想到了是否可以打破球鞋封闭的结构,于是便有了第一款罗马凉鞋和球鞋混合起来的设计。2009年的时候由一位朋友引荐,我第一次去了巴黎，见了很多公关公司和showroom，开始探讨KIROIC进入时装周并面向全球买手的可能性。但当时整个团队在观念和资金上都还没有做好以独立品牌姿态进入时装周体系的准备。经过慎重考虑，我决定暂时放弃这个机会，转而接受韩国设计师JUUN.J的邀请，以品牌联名的方式为其设计巴黎时装周走秀的鞋款。KIROIC与JUUN.J的合作维持了三年，算是开创了中国设计师和巴黎男装周官方走秀品牌联名的先河。在此之后，时装圈以及媒体圈开始知道了我的名字。

到2011年春夏季的时候，我觉得条件已经成熟，所以除了继续和JUUN.J合作以外，还推出了KIROIC自有的系列，两组产品同时在巴黎展示。一个从未学习过时装设计的普通年轻人，突然可以有机会面向世界展示自己的设计能力。我当时的心态就是希望尽自己最大的努力，让每一个系列都取得令人惊叹的效果。

在几个系列获得成功后，我又开始寻找一些鲜为人知的手工艺技术，期望可以通过革新传统工艺做出出人意料的设计。2012年左右，我偶然在一个展会上看到"上海绒绣"传承人包炎辉先生展示手工技艺，绒绣有点像刺绣，但是用羊毛染色，过渡的色阶可以做到惊人的丰富和自然，我由此对用绒绣绣片制作鞋子产生了兴趣。绒绣工艺在此前通常都用来制作大幅工艺品，很少用在商品上，在设计、开发以及商业化的过程中遇到了极大的阻力和困难。比如绣片制作的鞋面太过厚重且不易打理；绣片制作完全依赖人手，耗时费力，制作成本居高不下。正在发愁的时候，一直以来合作的香港买手店I.T发来邀请，他们希望在香港中环的店铺里举办一个游击店活动，并请黄伟文（Wyman）先生担任客座买手。他希望我做一些从未做过的设计，可以不必太过考虑成本。于是我就想到了绒绣鞋，最后做了两个款，三个颜色。这组设计一经推出便引来了极大反响，Wyman的很多明星朋友纷纷将其收入囊中，我的微博也因为公布了这个系列的图片而被疯狂转载和留言。绒绣鞋之后也引起了殿堂级设计师川久保玲的注意，这个系列在其旗下东京的TRADING MUSEUM时装集合店里也进行过发售。

Kinkleworkshop产品*

## 奋勇向前的小兵

固特异缝线

染色植鞣革

在绒绣系列取得成功之后,我突然宣布停止更新KIROIC产品线,让很多朋友感到异常诧异。虽然订单量在持续上升,但这种不断需要制造惊喜的工作节奏让我觉得喘不过气来。由于每一季都是创新性的设计,采用难度极大的制作工艺,又没有可以重复增加产量的商业款订单,这样的运作方式让工厂也觉得难以负荷。此时供应链和设计之间产生了尖锐的矛盾。我觉得是时候再次停下来思考我的设计,是否有可能以简化工艺环节为出发点来重新着手外观设计,提高实用性和功能性的比重。正在酝酿这些想法的时候,我的朋友杨炯提出合作设立一条全新手工鞋产品线的提议,刚好跟我的想法不谋而合。于是就又有了Kinkleworkshop。

Kinkleworkshop希望可以同时满足批量化生产和个性化需求的平衡,建立一个完整的产品结构体系。做法上先是由工厂制作固特异缝线的原色植鞣革皮鞋,再对成鞋进行成品染色。后期染色的痕迹并不那么规整，穿着后的摩擦也会造成额外的自然褪色和折痕，这样的做法让鞋子看起来有一种非常自然的美感。与国外的手工先锋鞋履品牌相比，Kinkleworkshop在色彩上更多选择红、黄、白等明快颜色；在后期整染上减轻或简化了做旧工艺，很适合国内顾客的喜好，尤其受到女性顾客的喜爱，销售上取得了不错的成绩。

经过几季的磨合后，本以为自己设定的产品制造模式终于获得了成功，却没想到供应链再次出现了问题。Kinkleworkshop的供应商是上海的一家小型工厂，可以非常灵活快速地处理订单。但上海毕竟早已不是鞋类产品的生产基地，手工优异的工匠资源因为各种各样的原因开始变得不稳定。时常有重要的手工师傅离开，产品的品质一度波动非常大。手工制鞋的工作也很辛苦，收入并不算太好，越来越没有年轻人愿意从事这一行，熟练工人的培养产生了脱节。更重要的是整个产业链不在上海及周边，无论是鞋楦鞋底，还是配件辅料，所有的生产配套都在中国的南方城市。Kinkleworkshop的产品一度在这样的背景下产生了供不应求的状况。

2013年开始我开始尝试重回巴黎，也希望找回自己最原始的设计冲动——我内心里真正喜欢的球鞋设计。关于这个球鞋系列的名字，我希望能够找回很多年前那个奋勇向前的小兵的感觉，于是用回了很多年前的那个名字——KKtP。从一双球鞋到完整的鞋履配饰系列，从与众多设计师及商业品牌的联名合作到推出服装系列。KKtP是一个时装品牌，也是一个由不同领域创作者组成的创意团体。现在我们也开设了kktp.com，它重新回到很多年前那个设计师集合店的形态，向年轻人介绍越来越多的设计师品牌和他们的设计作品。

**访谈时间：2016.11.10**

# 若谷手作

**品类：护理、食品**

龚斌 80后狮子座·上海人

> 若谷的产品有一种返璞归真的亲近感。细腻，丰富，却又真实到令人心生敬意。
> 
> ——蒲石小点创始人 杜俊

## 单纯的劳作让我保持宁静

我是家中的独子，妈妈以前在镇里商业公司的点心店工作，做馒头、烧麦、小笼包的手艺很好。小时候，我学习一直不太好，脾气也有点倔，读完初中就去了一所职业技术学校学计算机调试维修。毕业之后在徐家汇那边的电脑城卖设备。

制作艾草皂

2003年进入一家经营意大利橱柜的公司。我在那家公司待了6年,从市场推广、售后服务一直后来做到项目管理,之后还从事过几年超市收银机的维修业务。

  2006年的时候,有一对设计师朋友去泰国玩,带回来当地的一些手工皂作伴手礼。这是我初次接触到手工皂,感觉挺不一样的。通过请教他们,我了解到手工皂是用植物油脂来生产的,与一般的肥皂在工艺上有很大差别。在此之前,上海也流行过一阵手工皂的零售店铺,在商场里隔着很远就能闻到一股香精奶油的味道,而且几乎全部以切块的方式称重,价格也挺贵。这两位朋友平时看我经常捣

鼓一些手工的小东西,于是就鼓励我来做这件事。至少有两年的时间,我利用业余时间通过网络教程学习制皂。在掌握正确的方法之前,扔掉的产品能堆满整个书架。

2009年的时候,我已经比较熟悉制皂工艺了,于是就从原来的公司辞职。当时就是一个冲动的念头,并没有什么成熟的商业计划。现在回忆起来是挺冒险的,如果重新操作这件事,我会更加小心。做手工皂需要耗费很多时间,有些配方可能需要6到8个小时来生产,这对意志和体力都是一种考验。但单纯的劳作过程能让我保持宁静,并从内心里获得一种喜悦。

沐浴,我觉得也是一种仪式,不仅是清洗干净身体,还包括能传递安心感的气味。我刚开始做皂的时候关注过台湾的阿原,买过他的一本书。我一直很喜欢其中的两句话,一句是"洁净身心的力量",还有一句是"清洁也是种修行"。

手工皂虽然一直不是主要的盈利点,但却让若谷这个品牌在创业之初就处于一个相对高的位置。至于将品类从护理拓展到食品,与我母亲的去世有一定关系。2011年底,妈妈原来切除的癌症病灶复发转移,导致只能卧床。为了照顾她,我关闭了网上店铺,把所有产品都下架了,还把工作室搬了回来。平时都是我为妈妈准备一日三餐。晚上我会去医院陪她吃饭。妈妈之前并不支持我的创业计划,但通过这段时间的交流,她慢慢理解了我的想法,也使用了我的肥皂,态度产生了比较大的转变,有时还会和我交流一些烹饪的技巧。我真正开始做饭,就是从这段时间开始的。我后来觉得,这段母子的相处其实是给我带来了第二次生命,好像又回到了人心初始的状态。

## 我的运气一直都挺好

最初的品牌叫作"若谷山居"。那一阵我非常喜欢户外,有段时间每个周末都会出去露营。山居,追求的是一个有形的状态,比如说一座山上的石头房子之类的联想。母亲过世之后,我把品牌改成了"若谷心居",意思就是无论在哪里都可以安心居住下来。今年,我又把品牌改为了"若谷手作"。这样一来就比较像个人品牌,但我同时也在考虑为了品牌的发展,是否需要淡化或剥离个人形象。

由于一开始我是想做就去做了,所以并没有一个策略性的研发方向,所有的产品都不是规划的结果。无论手工皂、桂花糖露,还是酸梅汤,都是追随自己的内心自然出来的东西。食品的产品线逐渐丰富起来以后,我们开始采用"芬芳食物"的定位,因为它们都有一种独有的香味,这一点可以与护理系列相通。

第一次真正商业性质的研发项目是纯藕粉。我们在内部认真讨论过卖点、受众人群和销售预估等概念,建立了消费者模型,还不断去看一些数据,而以前只

酸梅汤原料分装

是凭借我的直觉。好在我的运气一直都挺好,并没有所谓失败的产品。

不管开发哪种产品,我都坚持以专注的态度找寻那些好的东西,不太理会流行动向。比如这么多年来,手工皂虽然一直销量平平,但我仍坚持看好它的前景。如果有卖得不好的,那就是红糖了。红糖这个行业,可以添加的东西太多了,消费者的口感已经扭曲了。当我拿出一个对的东西时,大家却很难接受。

我做纯藕粉的时候也遇到过同样的问题。店铺收到过两条差评,一条说藕粉是假的,还有一条说他怎么冲都不成功。这些其实都是以往的一些错误认知造成的,需要一个很长的市场教育过程。在超市里,我们买到的都是速溶藕粉,与纯藕粉的品质差异非常大,还有很多是调了木薯淀粉来作假的。

用木活字印刷工艺制作产品说明书

桂花系列是我倾注感情最多的产品线。桂花这个东西,一直是传统糕点的配角,以前只有一些江南人家会腌一点。为了把桂花做成主角,我开发了桂花糖露这个产品。在开发过程中,我找到了一位师傅。这位师傅叫沈启龙,今年83岁了,住在杭州满觉陇,有四五十年的糖桂花制作经验。最初有朋友送了我两桶桂花酱,说是杭州师傅做的,于是我专门跑去杭州找他。沈师傅家在杨梅岭一带,并不难找,因为做桂花的门前有许多标志性的大缸。虽然并没有举行正式拜师的仪式,但我从一开始就管他叫师傅,他叫我小龚。

沈师傅待人随和,面相也好,一直笑呵呵的。每次我去的时候,他和爱人都会提前准备好一桌菜,并告诉我很多跟糖桂花相关的传统工艺。长期以来,桂花酱一直是被当作原材料供应给加工企业。沈师傅很想把桂花酱做成系列产品,所以他为我的到访感到高兴，不仅有问必答，而且会把不同行业的老师傅们介绍给我认识，即便这么做有时可能违背了子女们的想法。后来，他还带我去参加了中国花卉协会的桂花分会年会，向别人介绍我的时候就说我是他的徒弟，是他的接班人。

## 我是不会讲故事的人

我对手作的看法是可以坚持，但无需偏执。在目前的大环境下，我们很难再以一种完全手作的状态去开发产品，尤其是食品。如果借由机器可以完成得更好，并且价格合理，我不会固执地使用手作的方法。产品的诚意要体现在品质和价格两方面，毕竟我做的是日用品。当然，有一部分工序仍然没有办法用机械代替，比如收桂花，在树下摊一块布然后用竹竿把花打下来，接下来的工序非常繁复，光挑杂质可能就要挑五道。

现在很流行讲故事，但我是不会讲故事的人，我能告诉大家的只是产品研发的来龙去脉。这并不是一种煽动性的营销，而是希望消费者在明白整件事后做出信任与否的判断。比如决定用木活字来印刷酸梅汤说明书的出发点只是因为我发现大部分人是不看说明书的。一开始我决定一张张手写，虽然字不好，但客人能感受到那种踏实的心意，甚至还有人拿着这张纸直接去药房配料。后来因为实在来不及写了，于是就在朋友MUMO的帮助下，去温州东源村找老师傅做了木活字版，还学习了传统手工批量的印刷方法。当然，每一次的拓印效果还是不一样的。

我喜欢用一种开放的心态去做事，如果因为我真实的分享，别人也找到了高品质的产品来源，我觉得这对加工厂来说是好事，说明他所坚持的东西得到了认可和回报，这会导致良性循环。我的愿景是让每个环节中的人都能从中受益，所以我甚至会为追随者的纷至沓来感到高兴。

我一般不跑市场，但最近有一次却带给我很多感动。上海有一家叫"蒲石小点"的餐厅，一直听朋友提起他家的菜单黑板上会直接写"若谷酸梅汤"，这种情况在品牌餐饮的采购中很少见。有一回，我发现某个客人一下子就拍了90包酸梅汤，收货的地址就是这家店，于是我就决定借着送货去看一下。去了之后发现这是一家主打上海手作点心的店，里面有一位先生认出了我，他就是蒲石小点的主理人杜先生。他告诉我，在刚开始想做餐厅的时候就买过我们的酸梅汤，觉得我们对于食物的这种坚持和喜爱，包括产品呈现出来的状态都是他非常欣赏的，所以从开店之初他就觉得我们的酸梅汤应该在那个架上，并且要写明是若谷的酸梅汤。最后他慷慨地允许我把这家店当作测试新品的地方。这种惺惺相惜的经历对我而言很珍贵，出门的时候忍不住擦了一下眼泪。

**访谈时间：2016.05.11**

# Dewpearl

**品类：花艺、食品**

> 以现代的设计语言重新诠释传统花道，探索当代生活与花的关系。
> 这种游走于东西方间的文化审美，既是天性，也根植于作为食品设计师的另一个身份。
> ——茶之路联合创始人 叶小辛

丢帕 80后 天秤座·江苏淮安人

**黑色是永远流行的颜色**

我毕业于中南财经政法大学，专业是商务英语，不是学设计出身。小时候倒是想学绘画，但没有遇到合适的机会。选择英文仅出于单纯的偏爱，没想过将来做什么。工作后发现，多掌握一门语言其实在很多时候可以帮助到自己，特别在获取信息和与人交流方面。比较后悔的是作为二外的日文学得还不够好，如果当时再多花点精力掌握它，就可以在花艺的学习和交流上更加自如，所以我至今还在学日文。

我目前有两个身份，首先是黑法师西点的主理人，这部分是和先生一起做的。我们最早经营咖啡销售的网站以及咖啡馆。后来在拓展西点产品线的过程中，发现市场上除了奥利奥，也没有更多黑色的食品了。我想如果开发一系列全黑色的糕点会很酷吧，我先生对此也很认同。为方便运营，从2013年元旦开始，我们干脆为这条副线重新建立了一个品牌，就是现在很受欢迎的黑法师，产品包括马卡龙、西饼、牛轧糖等。所有产品从口味、形状到包装都由我们自己设计。除了黑色的食品，我们还把原产地咖啡、红茶也并入到黑法师产品线里，毕竟黑色甜点加黑咖啡的下午茶才更完整嘛。虽然在传统的食品设计中，黑色用得很少，但在我们看来，黑色是永远流行的颜色，可以有无数的选择和搭配。我们喜欢用现代设计语言重新诠释传统食品，把生活或者旅行中获得的各种灵感融入进食品设计，而不仅仅是用黑色来界定产品属性。我们曾将中国传统的月饼做成黑色，直接用夜空中的月球做包装，大胆又冒险。而事实证明，不仅年轻人喜欢，也有上了年纪的人给我们点赞、买单！

冰激凌＊

黑法师抹茶松露巧克力 *

## 想象力和创造力

我的另一个身份是花艺设计师。最早接触花艺是在2011年，当时公司楼下开了一个花艺培训班，一开始我对花艺并没有什么兴趣，但是看到我老师的作品后，发现花艺设计还有那么多不一样的玩法，于是开始抱着半玩半学的态度去上课。没想到一学就是四年，2015年在东京学校完成考试，拿到讲师资格。

我的老师张杰，也就是J-Flower的创始人，是大陆第一位拿到日本Mami Flower Design School讲师资格的老师。学校的创始人是川崎真美子(Mami Kawasaki)，她是一个很有开创性的人，60年代开办学校之后不久，又远赴欧美学习。传统日本花艺有一种清寂之美，欧美花艺则比较丰盛热闹。而真美子将东西方的花艺结合在一起，在简洁大气的框架中常有一簇艳丽的繁花盛放，艳与寂的强烈对比让人印象深刻。

说起日本花道，大家可能对小原流、草月流等日本传统花艺流派比较熟悉。我们作为Mami的学生，作品通常没有那些明显的流派特征。但大家会有一些习惯性做法，喜欢在插花中选择完全自然的元素帮助固定花材，而不用剑山；包裹捧花也不用纸，而是用叶子。此外，想象力和创造力是mami花艺设计教学最看重的一点。我曾制作过一件叫"冰淇淋"的插花作品。有次在泰餐厅看到他们用棕榈叶卷

制作花果盘*

花梦＊

成圆锥筒盖在饭上,觉得很像冰激凌甜筒的样子,于是吃完饭就把它带回了家,然后把一些的日常花材包裹进来,让它看起来就像一个鲜花做的冰淇淋。我还在川崎景泰老师的课上学到"移花接木"的手法。原本只是放置在桌面上的普通插花,通过把枝条接在桌子下面,瞬间就让作品的空间结构变大了。有次帮朋友布展插花就用了类似手法,仅仅在柜子下面多接了一根枝条,就让整枝花看起来像是穿透了柜子而存在一样,作品也就不再局限在柜子上面了。

除了学校里的老师们,日本插花艺术家Azuma Makoto对我也有很大的影响和启发。他是花艺界的鬼才,无论跨界的商业合作,还是独立运营的项目,都让人耳目一新。很少有花艺设计师像他那样特立独行,天马行空。他光是玩叶子就能玩出无数花样。我在某次帮客户做产品的植物展示装置的时候,就用到从他那里

乡野之趣*

学会的各种卷叶子的办法。不同形状、不同颜色的叶子通过卷、折、重叠等方法处理后,再整齐排列在框架中,如同用植物本身实现图案的重叠效果。

## 表达自己的方式

学了很多插花的技巧,但最喜欢还是自然而然。有次帮朋友布展插花,完成后问他最喜欢哪件作品,他挑了我做得最轻松随意的一件。红色的荆棘果子就那样顺其自然地呈现在花器上,让观者感受到热烈张扬的气氛,似乎这样就已经足够。这里没有特意凹成固有形状的枝条,也没有其他植物做配角,植物本身的美得到了最直接的呈现。

移花接木*

反过来,我会想,所有那些课上学来的技巧都不重要吗?应该也不是。专业的技能和技巧可以让我们在给空间设计植物装饰的时候,最快地给出有效、合适的方案。不过,只是单纯以美化空间为目的的话,即使是以比较简单的方式来呈现植物的最佳姿态也是好的。这需要插花的人更好地与植物"沟通"。我们相信与植物相处久了,植物会告诉我们它们自己最想呈现给人的样子。如果过多地强调插花技巧和扭曲植物本身的构造,未免本末倒置了。

自然界的一草一木都是灵感来源。我觉得每种花草都是特别的,没有偏爱。有些花生来颜色鲜艳,姿态妖娆,气味芬芳,适合做视觉焦点,但有些不起眼的小花小草通过巨量的堆叠,也会呈现出非常壮观的效果。哪怕是通常做配角的叶子,以不一样的方式呈现,也会是美的。甚至剥落的树皮、笋皮,如果插花师在遇到它们的时候能感受到那些细微的特别之处,用作品的形式很好地展示出来,我相信观众也同样能感受到。

植物展示装置*

近年来，感觉花市里卖的品种日渐增多，特别是一些名贵的进口花卉，也能看到一些田间地头长相奇怪的草。应该是大家对各种珍奇植物的需求越来越多了吧。不过即便如此，很多时候还是想回到山野间，看看自然生长状态下的各种花花草草，即便有虫洞、有残缺，但还是会带给我无穷多灵感。春天的时候，和朋友在山间漫步拾荒，看到一棵浑身是刺的树，走近时惊起一群鸟儿从树枝中飞起。剪了几枝回来，插成树的样子，同时用草盘了一个鸟窝放在枝头。类似于用绘画中写意的方式来插花，还原一些乡野之趣。

插花几年里我积累了很多花器。不过老实说，花器不是一个好作品的最必要元素。美的花器配上与之相称的插花当然好，不过没有花器，也可以用自然的材质做。2016年和老师、同学回东京学校参加展览，我用干花与铁丝网做了一个空心的球，完全用花做的空心瓶，应该算名副其实的"花瓶"吧！然后在其中放了一个玻璃试管，并插了一大支绿色的枝条。常常我们习惯于把花留在花瓶之上，这次让花和枝叶的位置颠倒，也算挑战一下大家的习惯思维了。

花艺设计不同于简单制作捧花，而是一种关于美学的实践，有着无穷无尽的可能性。只有实实在在地做了，才会更深切地感知到不同形状的枝叶、不同颜色的花朵组合搭配在一起会是怎样的效果。对我来说，花艺不仅仅只是点缀空间、美化环境或者表达爱意和感谢的方式，也可以和绘画一样，成为表达个人情感与想法的一个途径。无论设计食品还是花艺，我希望自己的作品都源自内心最原始的感动与想象。学习花艺不久后，就和一些品牌有合作。无论是宴会也好，展厅布置也好，大空间的实践也让我成长非常快。不过基本是按照客户需求来创作。当然，如果今后的实践中能形成自己的风格，得到更多客户认可就更好啦。

访谈时间：2016.11.10

# 作物

**品类：木作**

当一块完整的木头在你手中慢慢磨刻，变成一个精致的物件，你发现，这是一个可以让人跳出繁华喧嚣、真正静下心来"作物"的地方。

——自媒体人 熊玮（劈叉姐）

陈雷雨 80后天蝎座·浙江温州人

**我这个时候想任性一把**

我是2000年到的上海，在上海海事大学念电子信息工程专业。毕业后，先是在张江的一家半导体芯片制造公司工作。2010年辞职后休息了一年，其间在杭州经营过一家酒吧。原来因为工作关系住在张江，辞职以后就搬到市区居住，需要

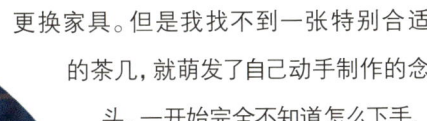

木碗勺

更换家具。但是我找不到一张特别合适的茶几,就萌发了自己动手制作的念头。一开始完全不知道怎么下手,就去网上浏览信息,发现了一个木工爱好者论坛。上海有这么一小批木工爱好者可能在郊区,比如松江等地有几个木工坊,里面有一些机器,有兴趣的同好者可以去玩一下,但平时都比较闲置。当然那个时候,我还看不大懂。

2011年,我又重返半导体行业,同时在上海财经大学读在职MBA,业余时间开始接触木工。我先是看到浦东有一个加拿大木业协会举办的木质结构建筑学习班,其中有一部分木工课程。这个学习班是免费的,针对的是具有相关资质的从业者,目的是推广他们的木材。而作为业余爱好者的我,报了三次名都没成功。于是我就只好自己先买书来看,比如圈内都知道的《木工全书》《木工基础》等几本翻译过来的国外经典,看了以后再寻找机会接触和上手。2013年,我了解到北京有一家类似的俱乐部不定期举办培训班,于是就去学习了五天,这算是我真正的启蒙吧。课程是入门级的,教一些机器的使用方法、挖一个勺子或做一个盒子之类的。回上海后,我几乎每个周末都会去做木工。

　　2014年,我到上海迪士尼担任艺术指导,主要负责迪士尼乐园建设和开展项目需要的一切木制品。团队里面原来都是外国人,他们需要一个能力比较综合的中国人,既能做木工活,又具备一些管理能力,这样的人不容易找,所以最后找到了我。迪士尼的工作应该说富有成就感,收入很高,工作环境也非常专业,光是自己的工作室就有800平方米,平时和国内外的优秀木工都有技艺交流。但那时我已经差不多工作快十年了,不想继续循规蹈矩地上班,内心里还是更愿意做一些自己喜欢的事情。虽然HR多次挽留,但我这个时候想任性一把,还是辞职出来创办了"作物"木工坊。

　　作物的第一个木工坊设在宝山,时间是2015年7月。我在迪士尼工作时,很多事情只要开一下口就好了,由团队和工人们配合执行很多基础的部分。但当自己开始创业时,才发现还是有很多细节没有考虑周全。比如以前熟悉的那些木工设备到底上哪儿采购?哪个品牌好?要买什么功率的?什么规格的?而且许多大型设备,买回来后是散件,需要自己拼装,之前我也没有这些经验。所以一下子就觉得有点茫然,只能硬着头皮边学边做。

大悦城店一角

大悦城店一角

　　作物早期有一位合伙人叫朱力。我俩是发小，认识很久了。但后来因为不在一座城市，所以联系并不密切。2014年，我在玩木头的时候，给他发了一张照片。很巧的是，发现他那段时间也在玩木头。于是，两个人就开始交流一些这方面的想法。一直到2014年底的时候，我提出开设木工坊，他就从杭州到上海来一起做这件事情了。朱力原来经营一家名叫"福禄铺"的网店，粉丝比较多，生意也不错，他个人的形象和气质都比较文艺，所以一开始我们在媒体上主要是推他。而我因为原来从事管理岗位，所以相对来说展现的风格不一样，但我们对生活中美的东西的偏好是一致的。

## 这是一种生活态度

宝山的木工坊经营状况并不太好,虽然有一些采访和报道,但叫好不叫座。地点确实太远了,过来玩的人不多。八九月份的时候,大悦城过来洽谈邀请,我决心试一试。大悦城这家店一直到12月开业前,都还是朱力在帮我,但他内心更倾向于安逸的生活节奏,而现在过于忙碌,一周要工作七天,他逐渐就不参与了。

现在看来,从宝山到大悦城应该说是一个非常正确的决定,目前参加体验课程的累计人次大概在5000人以上。依据年龄层可以分为两大类:一类是小孩,大约占五分之一;剩下的是20-35岁的年轻人,这部分以女性为主,我们分析可能是因为女性的闲暇时间比较多。大悦城店成功之后,宝山工作室就不对外开放了,主要用于内部打样。

作物与其他木工坊的最大不同还是在于模式上的创新。首先我们是国内第一家设立在大型商场内的木工坊,之前没有人做过,现在效仿者众多。在我们之前,几乎90%的木工坊都是不盈利的,而我们的大悦城店次月开始就盈利了。可以说,作物给整个国内的木工坊积累了可行的经验,树立了成功的榜样。但是商场和工作室的做法很不一样。区域空间小了,设备和场地所受到的限制也多。我们当时反复考虑的就是采用什么样的设备,开发什么样的课程才能适应商城的经营。其次,目标客群上也有很大差异。以前的木工坊主要针对一小批发烧友级的爱好者,往往采用长期的会员制,教客人做一些复杂和专业的东西,比如椅子。系统教学的结果就是很多学员回去自己开木工坊了。而作物的目的是想把木工艺变得普遍化,所以开发了很多针对零基础商场客群的课程,希望把专业性转变为休闲性和娱乐性。我觉得这是一种生活态度,不是说非要做过桌子这样的大件才算接触过木工,来作物体验对于消费者来说就相当于看一场电影,意义是一样的。所以,我们的客人几乎没有体验完了回去开木工坊的,就是觉得好玩来尝试一下。现在很多同行直接照搬作物的体验课程，当然这个也没什么秘密，我也不反对别人来看。

因为作物未来的目标不在这里，我和朱力酝酿作物的时候，最初是想做成一个家具品牌，推出和销售自己的产品，体验课程可以作为一种引流方式。比较理想的状态是前面的半年到一年，通过开设一些课程来稳定收支，同时支持研发一些自有产品。但随着项目的深入，发现最初的设想实现起来比较困难。因为开发产品的钱都投入到课程里了，同时体验课程受到越来越多的关注。我现在的大部分精力都放在完善店面和组建团队上，因此不得不放缓了研发产品的节奏。

带锯切割

车床车削

顾客使用车床

## 我只是一个木工爱好者

我对匠人的说法一直不是很感冒。有时候媒体也会随便给我挂上一个匠人的标签，但其实我自认为只是一个木工爱好者，并没有达到匠人那种级别。此外，我觉得大家没必要对手工过于执着，一些号称手工制作的产品，其实我一看就知道是机械化或半机械化生产的。如果故意去强调少量手工的属性，更多地还是一种商业上的考虑，可以提高销售价格。

可能大家以前接触到的木工有两类：一类是家具工厂流水线上的木工，只熟悉某几道工序；还有一类是装修木工，水平不一，大都比较粗糙。真正掌握机器、手工和产品结构等工艺环节的木工是非常稀缺的。之所以大家会觉得机制品缺少美感，主要还是因为细节的粗陋。关于手制品中包含"温度"的流行说法，在我看来只是一种心理感受。机械的介入与工匠精神并不矛盾，可以有效提升加工水平和生产效率。机械的发展降低了木工艺的门槛，令每个人都可以有机会接触到，这是一个显著的进步，所以我从来不排斥机器，也很尊重那些从事精密设备和工具研发的工厂。我最喜欢的设备是车床,虽然最晚才学车床工艺,但我很喜欢它的运作方式,旋转起来很好玩。所以,并不能说从事手作的人就是匠人,而应该说坚持专注做事,具备钻研精神的才是匠人,无论他身处哪个行业。

创办作物的初衷就是因为我喜欢木工,作物是我追求的事业,而木工是终身的爱好。与教别人相比,我更愿意沉浸在自己动手的快乐之中。所以目前仍然在不停地学习,关注论坛上的技术动态,也愿意花时间和我的员工和爱好者们一起探讨。宝山那个工作室也一直保留着,因为我在商场里从来不动手。只有在工作室的氛围里,我才能获得一种充分的享受感和满足感。

**访谈时间:2016.07.27**

# HAN pure handmade

品类: 皮具

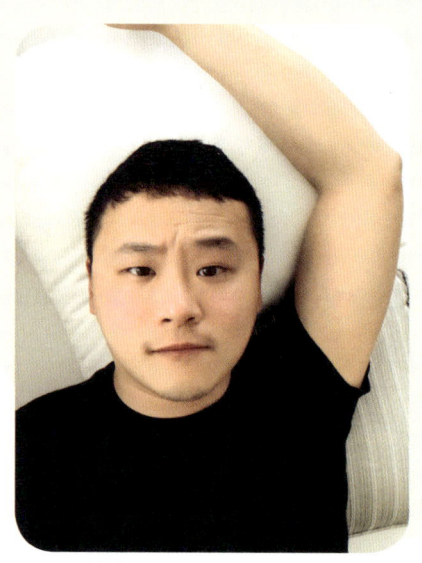

韩杰 80后天秤座·上海人

> HAN已留在我的生活里，成为背在肩上的、放在桌上的和系在颈上的充满人情手工味儿的、透着时尚气息的high light了。
> ——艺术家 牛安

皮革本手工刻字

上边油

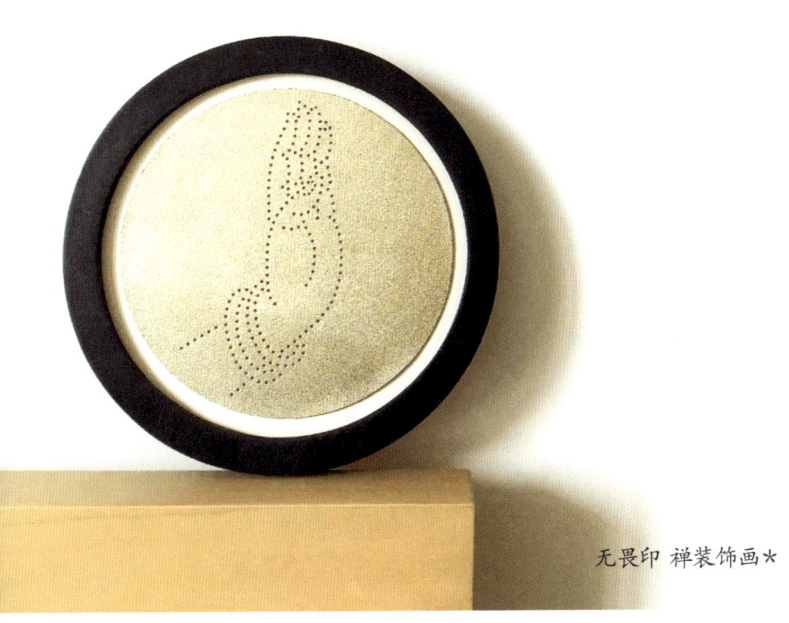

无畏印 禅装饰画*

## 不会结束的工作

我觉得自己还是蛮多变的。原来在上海工艺美术学校学室内设计专业,当时房地产发展很快,室内设计在上海很盛行。2005年毕业以后先去了一家装修公司做设计,后来又加入了一家日本的建筑事务所,学到了很多建筑方面的知识,包括画建筑施工图、建筑效果图、外立面设计图等等。这家来自北海道的事务所关闭上海分公司以后,我转行去了一家与建筑、地产有关的杂志社,开始了美编生涯。其实整个杂志从无到有,也蛮像手工艺的过程。顾青主编的《创诣 Grand Design》创刊时,我担任了这本杂志的美术编辑,这是一本少有的认真推介新人的设计期刊,介绍过很多现在已经非常大牌的设计师,很多人那个时候还只是小朋友。2014年以后又随顾青去了《私家 CIRCA》,它之前是地产杂志,经过我们改造之后就变成了一本适合商务精英、中产新贵阅读的生活方式读物。

其实在《创诣》时期，我就已经开始自己做东西了。记得其中有一期是关于手工艺的专题，我和顾青去了景德镇。那天她背了一个手工包，我在上面看到了简约的新意，一下子激发了我的兴趣。之前也有看过很多手工包或是手工皮具，给我的感觉往往就是old-fashion，缺少突破。很巧，在景德镇我们遇见了做这只包的Tonny老师，他是台湾著名陶艺家徐瑞鸿的哥哥。我们参观了Tonny老师的工作室，回来我就想自己试试看。最初做的都是一些简单的小皮件，记得第一个是植鞣皮交通卡套。现在回头看，还是挺粗糙的，换成现在应该不会把它们变成商品，因为商品必须要达到那个水平。

2015年10月，《私家》停刊了。我在这个行业里经历了太多挫折，《创诣》和《私家》这两本设计期刊给了我很大的自豪感和成就感，但杂志现在不太景气，难免有些灰心。那个时候就在考虑是否应该从事一个不会结束的工作。

旅美艺术家牛安是我的良师益友，对我影响很大。牛安老师认可我的作品，并坦言她之前做艺术家也是努力推了自己一把，认为当时的我也需要这样子的一股劲儿。她的鼓励给了我很多信心，是我决心独立做工作室的动力，只有踏出这一步，才知道自己行不行。我这个人做事不能分心，一旦决定开设皮具工作室就不能再回头，所以推掉了很多平面设计的工作，一心一意地从事这一行。

## 喜欢打破常规

我对工作室的定位是私人定制，以少量精品为主，目前为止没有量产过，毕竟东西多了之后就没办法控制品质。以前可能只有奢侈品品牌才有一些这种类型的业务，所以被认为是具有品位感和身份象征的。现在定制服务慢慢多起来了，我也通过这个契机获得了大家的关注。一开始就是周围朋友介绍订单过来，后来为了

家居和配饰

制皮工具

更加高效地进行物流管控,又做了微店。

  我的客户大多和之前的工作经历有关系,几乎都是做杂志时期积累下来的朋友资源。奢侈品品牌公关、市场经理这个领域内的中产新贵和高端客户居多,也为一些集团客户定制礼品、纪念品或开设体验课,合作过的品牌包括Lane Crawford、Natuzzi、Zenith、A.Lange&Söhne等。

  我对设计依然抱有热情,喜欢打破常规,做别人没做过的事情。包和皮夹这一块市场上已经饱和了,我就从家居和配饰的角度深入,这是其他皮具工作室不太涉足的品类。此外,通过立体和平面的转换可以赋予产品多重的使用功能,这往往也是客人最在乎的。比如"圣诞树"的原型来自以前《创诣》杂志给客户的圣诞卡,当时是我做的纸版。然后我进行了Redesign,把纸张变成了皮革,立起来就是圣诞树,放平了变成杯垫。还有为圣诞节推出的"毛巾小熊",可以剪断橡皮筋,使用里面的毛巾,而那个项圈又可以当作手环,大家都觉得很有趣。

我至今保持着每周推出新品的节奏,这是和别人不一样的地方,可能是害怕哪一天会突然想不出新的设计吧。当然这也要看运气,有时候灵感来得很快,有时候则需要尽快改变思路。不满意的话我宁可停一周,但目前为止还没有延迟过,已经累积了近百款产品。

除了生活物品,还有一条产品线是可供收藏的皮具艺术品。生活小件容易被人遗忘,艺术品才能获得永恒的生命,一代代延续下去。所以,皮革艺术画是我现在工作的另一个重点,投入了很多心思。我不是在皮革上面作画,而是以打洞的方式形成独特的文字或图形。很多人觉得这种做法蛮有意思的,又很好看,就成为了我的一种设计语言。这种个人风格最初源于做杯垫时的一点小心思,为了达到透气的效果需要在杯垫上打洞,我就顺势设计成了字母图案。后来又尝试放大规格,并衍生出了日文及卡通图形,现在已经有中文了。衡山·和集《人间食粮展》中的参展作品就是用汉字做的,用的是"粗茶淡饭"和"油盐酱醋"等字样。做艺术画很耗工时,比做生活对象难得多,所以单价也高。之前有两幅扑克牌题材的作品制作很艰难,做完之后放了很久,到上海连卡佛展览的时候,还是有缘人把它带走了。我相信艺术品有自己的命运,至于销售情况,随缘就好。其实东西一旦做出来,我就已经体会到那种成就感了,不会为了追求销量而刻意改变自己的风格。

30岁之后,我做什么事情就是追求快速。一般的设计师要经历草稿、打版、选材这样一个漫长的开发阶段,不知道为什么他们需要这么长时间。我一般脑海中闪现过一个想法,大概就知道怎么打版了,材料到位之后立马着手做。一般出

毛巾小熊

猴子拳项链

蒙德里安装饰画★

小样不打版,做出来以后再打版,如果不满意就扔垃圾桶里,所以我的每一件作品都没有手稿。

## 不插电

皮具其实分为很多层次和级别。材料是一种维度,如何熟悉和掌握材料有一个提高和进阶的过程,从而最好地展示设计语言。我用的皮革多是法国进口的,颜色、内里、边缘和质地都比较完善,国内的料子相比之下处理上还是不够精细。植鞣皮适合入门,可塑性和可操作度比较高,但不同的设计需要配合不同的材质。我用植鞣皮创作各种文字的艺术画,是因为学习语言有一个从生疏到熟练的过程,这一点和植鞣皮随着时间推移慢慢从素雅的淡色变为沉静的深褐色的过程非常相似。如果是装饰性的"折纸小马",用植鞣皮就不会有那种可爱感,显得平淡无奇,但给它一点颜色就能马上跳出来。我也时常利用废料和小料去做一些设计,比如女生用的发夹,尽可能不浪费材料是一种环保的态度。

加工方式又是另一种区分维度,可以据此分为纯手工、半手工半机械、全机械等。现在什么东西都

秋葵托盘

流行加个"手工"的前缀，但是消费者并不懂得这个复杂而细微的概念究竟意味着什么。以包边油为例，边油是由丙烯和矿物材料做的，要全部渗透到毛纤维里面才牢固，自然干了以后再打磨，再上一层边油，反复不断地上两三层。这些工序都需要花费大量时间，一般一条边自然硬化需要一两个小时。但有些皮具是用机器上油和烘干，那样颜色肯定浮在表面，容易裂开。

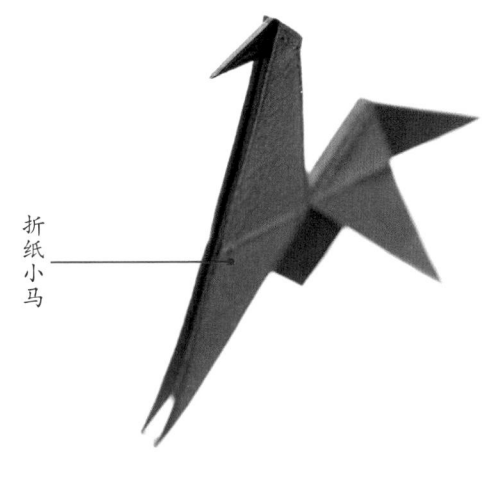

折纸小马

外行看热闹，内行看门道。如果说从无到有百分之百全手工，那连奢侈品都做不到，就算是陶瓷也得用炉子去烧啊。我目前追求的Pure Made是"不插电"，就是不要机器协助的意思。就算把我扔到深山老林去，还是一样可以做出来。有些客人看到东西比较精致就感觉像是机器量产的，这完全是误解，其实每一针，每一线，包括封边都是我自己手工完成的，洞也是用钻头一个个刻的。手工活真的又脏又枯燥，要做到机制品那样精致的程度格外磨练耐性，手经常受伤，指甲里面插针的情况也会有，看上去好像"满清十大酷刑"。

手作就是原原本本回归人的单纯状态，在任何一个时空中都能用双手来创造东西。但是现在的人把手作变得四不像了，我也不知道该怎么解释。所以，我不喜欢被称为手作人或设计师，这些称谓都已经被说滥了。我就是一个皮匠或者工人，同时也是一个幻想者，做自己喜欢做的事。

访谈时间：2016.12.13

# JOYDIVISION

## 品类：皮具、鞋履、家具、服装

> JOYDIVISION始于手作的兴趣而不止于兴趣，在品牌、产品、物流及渠道方面形成了一套体系，希望国内出现更多这样小而有趣的企业。
>
> ——产品设计师、未行品牌经理 莫钧元

**沈敏** 80后金牛座·江苏宜兴人
**陈琳** 80后巨蟹座·湖北钟祥人

钱包双针对缝

# 乔伊的店

**陈琳：** 我是学音乐的，在武汉音乐学院读的音乐教育专业。2005年毕业以后，我先去了北京。因为那时候喜欢听摇滚乐，想去北京的Live House看看。第一份工作是在传媒大学的一所私立附中做音乐老师，不久以后加入一家新媒体。到上海来也是因为这家公司需要做市场活动，然后就认识了沈敏。

2009年我在思南路上开了一家"乔伊的店"，主营服装，最早就是画廊边上的一小间。除了服装，还从欧洲进一点古董包来销售。当时在法国有请朋友做买手，一个月给我们寄一次货。在后来的一次青海旅行中，我们在一家马具店里发现了当地皮匠做的一个植鞣皮硬体相机包，虽然那时候我们还不知道植鞣皮，但旧包所散发出来的那种油脂感非常吸引我们，和我们从法国收到的古董包的气质是一样的。于是，我们最终决定采取植鞣皮硬体包的路线和70年代那种简约、优雅和复古的品牌调性。后来整个市场的发展趋势证明了我们最初的判断是正确的。这家店我们一直保留到现在，现在的思南路实体店就是在"乔伊的店"基础上扩建的，后来我们把隔壁画廊的空间也租了下来，改成了一个专门的手工皮具店。

**沈敏：** 我是东华大学莱佛士学院平面设计专业毕业的，念书的时候课不多，好多人也不去上课，我就会经常到服装设计、产品设计专业去蹭课听，学到很多其他方面的知识。大三的时候，学校里有一位新加坡老师带我和几位学长开了一个工作室。办公室设在泰康路田子坊，那时的田子坊并没有很商业化，还是比较像有理想的设计师呆的地方。这个设计工作室大约坚持了两年，老师就回国了。之前老师带来的都是国外客户，他们喜好极简的设计风格，而那时国内的设计项目需要很多渲染的效果图才会有市场。那种复杂的设计，学校也不会教得很深入，所以有一些很炫酷的效果我们不会做。于是当自己开始寻找项目后发现一下子和国内市场脱节了，半年以后就有点难以为继。

后面我们又在老码头那里做过一家公司，专注摄影和视频的业务，但总体上还是比较吃紧，就这样又坚持了两年。后来因为合伙人各有发展，到2008年左右的时候基本就我一个人在做了。我那时候还开了一个排练房，和上海的一些地下乐手以及育音堂这样的Live House经常有影像方面的合作。除此之外，我还帮一些本地的音乐节做VI和海报设计。

2009年，我们已经在"乔伊的店"的基础上企划和尝试制作手工包，主要在朋友间零零星星地销售。2010年，在结束了世博会上的一个影像项目后，我开始真正全身心地投入做这件事，JOYDIVISION这个名字也是那个时候有的。我们两人整体地、系统性地评估了这个品牌，决心走比较复古的路线。品牌正式上线推出是在2011年。

## 我们在做包方面还是一个外行

**沈敏：** 在投身手工皮具之前，我们主要通过网络教程和国外的手工书来学习，而且一般都是最简单的技法书。我认识一些人特别崇拜日本手工大师，他们的技艺非常高超，若干年后也可能成为国内的大师。但我们没有这样的想法，一直到现在我们在做包方面都还是一个外行。现在聘请的加工师傅已经可以完全应付深度的工艺问题，但从开发者的角度来讲，我们自己是不会的，所以我们的产品结构和所用工艺也还是最简单的。当年和我们同期创业的还有不少手工皮具品牌，风格上各有差异，但总体规模增长并不快，这可能是因为我们在找到稳定的供应商之后就把更多的精力放在品牌发展上。

好多人说JOYDIVISION的营销做得比较好，但实际上我们今年才刚刚有一点点预算做付费广告，而在此之前是没有广告预算的，采用过的原始推广手段包括在豆瓣网上建一些手工小组等等。我们的心得是要把这个东西做得更加小众，

思南路店一角

小众里面再小众一点。比如我们最早的切入点就是乐手的一款吉他包,在钱包上面加一个弹吉他的拨片,可能需要的人并不是太多,但我们就想为这些小众用户服务。可能也正是这样的原因,JOYDIVISION和其他品牌有了一点点区别。而在此之前,大部分的手工皮具品牌都没有特别精细的风格区隔。

  我们是非典型的皮具品牌,我们的供应商也是一家非典型的工厂。创业初期我们做过一款马鞍包,其中有一些工艺自己完成不了,于是就去找供应商。幸运的是,找到的第一家工厂就一直合作到现在。这个供应商不是那种传统的手工皮具

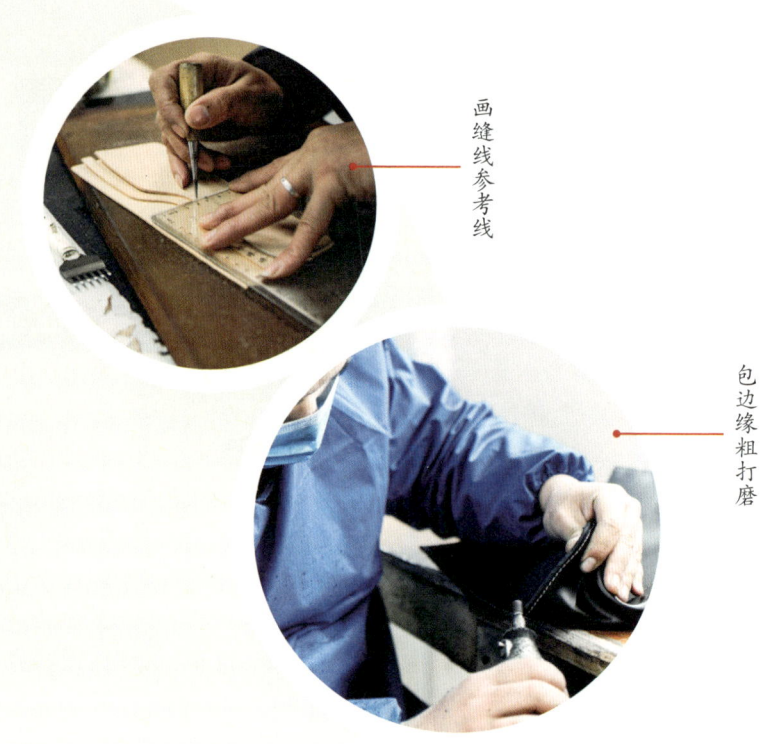

画缝线参考线

包边缘粗打磨

作坊，老板原来是做会展公司的，世博会前几年行情挺不错。后来他对制皮业产生了兴趣，专门去日本学习过工艺，他就是特别喜欢做东西。在遇到我之前的两年，他就开了这样的一家小工厂，那时候国内没有量产手工皮具的市场，只能接一些日本订单，而且有一单没一单的。我们去找他的时候，他非常热情，虽然我们当时的起订量并不大。

我们是一起成长起来的，所以建立了一种特别牢固的、像朋友般的合作关系。我们从来没有换过供应商，而且也从来没有找过第二家供应商，他也不接国内其他订单，因为双方都有足够的信任。我们慢慢发展起来以后，还一起投资了一家木工厂做家具。

## 文艺青年做生意

**陈琳：** 虽然大家都说文艺青年做生意不太靠谱，但我俩性格有互补性。沈敏的性格外热内冷，比较理性，而我比他理想化一些。我主要提供一些想法、使用体验并转化为文案内容，他会结合时下热点落实产品形态、执行视觉效果，但是太现实或太浮夸的我也会反对。

2010年左右的市场上，手工皮具所用原料多为二层牛皮，有些还结合布料，总体价格偏低。我们的价位在500元左右，在电商里算比较贵的，需要向消费者做一些解释。2012年以后，我就去生孩子了，这段时间就完全交给了沈敏。正好遇上中国电商的高速发展，消费者对于500元左右价位的商品从持观望态度一下子发展到拥有了很高的信任值和接受度。从一开始到现在，我们的价格增幅都没有超过20%，所以目前的JOYDIVISION变成了高性价比的商品。与所获得的电商红利相比，我们的品牌内容有点跟不上。现在孩子上了幼儿园，我会腾出手来将品牌内容做得更加充分。

我们平常爱好电影、音乐和文学。我比较喜欢那种看的时候可能不知所云，但是很久以后能令人回味起某个细节的故事，类似法国导演Eric Rohmer和美国作家Raymond Carve那种。音乐方面听民谣比较多。至于这个品牌的命名恰好是因为我们都比较认可Joydivision这支乐队，另外从字面意思来说也有一定想象空间。当然刚开始做包的时候并没有对logo的事太在意，如果当时知道以后要做品牌的话可能会更深思熟虑一些。

**沈敏：** 从我个人角度讲，早些年曾喜欢MUJI的简约风格，但对我影响最大的应该是Droog，这是一个荷兰家具制造和建筑特色的设计团队。在我看来，Droog做的不只是产品，好多还类似于行为艺术。这个设计组织的存在令我产生了亲手做一个品牌的冲动，我今后也想在国内做一个这样的网站平台，在上面整个团队的设计师都可以用自己的名字命名和展示产品。

在渠道上合作最好的都是书店,比如申活馆、诚品书店、书的设计店,当然还有罗辑思维等,这是一个双向选择的过程,说明书店的读者和我们的客人有很大的交集。有很多时候客人买包并不只是为了一个包,他接受的是整体的品牌文化。好像我们的生活经历和鉴赏力得到了某个人群的认可,所以他们会觉得买JOYDIVISION就是在买我们的经历、感悟和生活方式。所以我们以后一方面会在家具、服装、鞋履方面衍生相关品类,另一方面会强化品牌形象,从品牌周边做一些延伸。比如一些现场民谣演唱的活动,请大家一起来玩。

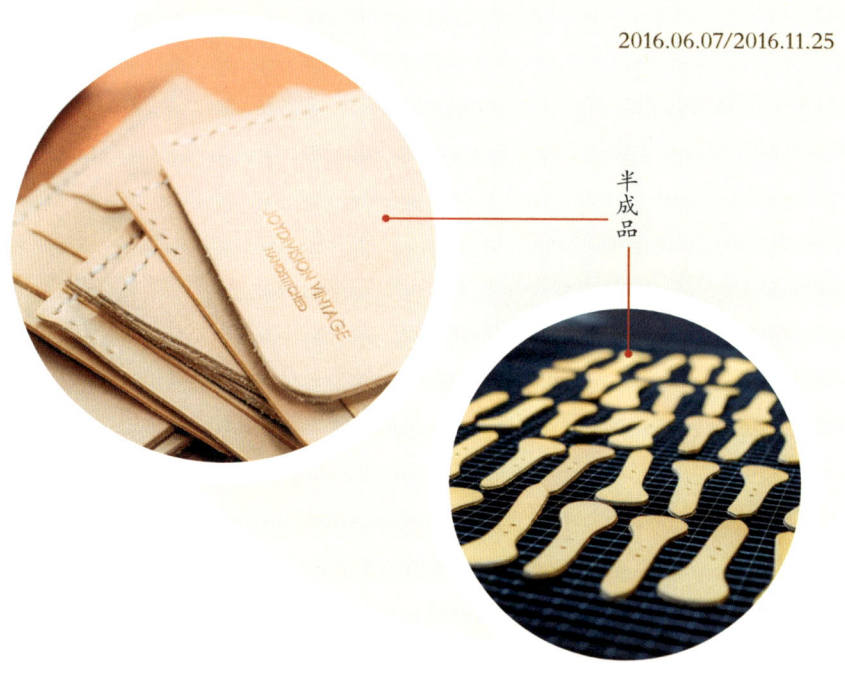

2016.06.07/2016.11.25

半成品

# Kreuzzz

品类：帽饰

胡钰珑Danielle 80后射手座·安徽合肥人

阿芋的工作领域可以被归类在时尚圈，也可以被归类在手工工匠圈。基于对材料、工艺的理解，进而产生突破的整合方式，推导出合理但效果惊艳的结果。这种在创作和制作过程中永远闪光的品质，配得上每一位同行的敬意。

——Groundless工作室创始人兼设计总监 郭晓

『SUMMERWOOD-夏木』合作款*

## 我不是一个非常有条理的人

我出生在安徽合肥,三四岁时去了福州,所以应该说是在福州长大的,父母都是工程师。小时候没什么别的爱好,就是喜欢画画。没跟老师学过,谈不上特别的艺术价值,却是我个人很喜欢的一种表达方式,所以一直都有在画。妈妈很支持,可是她在我16岁那年去世了。爸爸不是很赞同我从事这方面的工作,读大学的时候选择了重庆商学院的国际经济专业。毕业以后,爸爸看我这么优哉游哉,就觉得有必要让我到国外继续读个硕士学位。那时我外语比较好,大学里也有做商务口译,没有语言障碍。正好Duncan of Jordanstone College of Art and Design给了一笔奖学金,我也不想给家里添太多负担,所以就去了苏格兰。我对比较荒凉的地方都情有独钟,读的专业是服务设计。

硕士毕业以后,我在爱丁堡附近的Fife Council工作了两年,职业是Art Specialist,就是儿童艺术课的特别指导,主要通过一些艺术课程来介入儿童

位于永嘉路的工作室一角

Hazel beret,羊毛、真丝*

的心理治疗和教育,由此接触到各种各样的手工艺。我最感兴趣的是羊毛制毡,就是把羊毛做成类似软雕塑一样的东西。作品引起了一些反响,世界各地都有不少客人。后来又去了澳大利亚,澳大利亚是羊毛产地,我经常去亲戚家的农场里帮忙。一开始是想多接触一些羊毛毡料和了解毛毡原料的前期处理过程,去了之后发现澳大利亚的制帽业,尤其是手工制帽很强大。一方面他们有发达的畜牧业,另一方面生活方式接近英国文化,有稳定的制帽需求。比如葬礼要有帽子,婚礼要有帽子,赛马会也要有帽子……制帽人在那边是类似鞋匠的职业类型,虽然也包含一定创造性,但基本上不算是一项设计师的工作。

我在澳大利亚待了差不多一整年,通过拜访老师和参加课程,掌握了选材、定型、上浆、缝制等一些基础的制帽技能。中间有段时间回国玩,经朋友介绍认识了厦门的服装设计师刘小路（Dido Liu），她有个服装品牌叫Deepmoss。刘小路邀请我去厦门帮忙做了两季Deepmoss在上海春夏时装周上用的帽子，当时评价挺不错的。后续来自时尚业的邀请就比较多了，为了工作上的便利，我在上海成立了Kreuzzz工作室。

刚迈入这一行的时候，完完全全没有任何顾虑。创作力特别充沛，每顶帽子做得都不一样，每天都过得特别乐呵，人脉也更活跃一些。成立工作室以后很忙很累，要想的事情太多了。我不是一个非常有条理的人，但独立制帽在国内没有可以参考的成功模式，必须逼迫自己一边做帽子，一边思考许多管理上的问题。我们的发展路线是什么？如何令效率最大化？怎样能让工作室的伙伴们轻松一些？比如夏天因为有遮阳的需要，帽子卖得比较好，我们会做得尽量日常、简单、朴实。冬天的话，我就会做一些从工艺和设计上能反映自己当下想法的东西。现在的款式中一半以上是限量的，这是因为款式的特殊性，比如不同批次的植物染颜色无法达到完全一致。还有一半是长

Sonata，兔毛＊

胡钰珑的画作

销款,我们会想办法用接近标准化的方式去做,一整批同时定型和缝制。

### 很怕被称为"匠人"

我从2011年正式开始制帽,那时还在英国,国内就已经有了一个亦步亦趋跟着"山寨"的网店。几年下来,基本上每一款作品都发生过被抄袭的现象,代之以非常低劣的工艺水准。我一般不太关注这种非常愚蠢的行为,只是经常有好心的客人会提醒哪里又出现了仿制品,我才会去观察一下这些微小的"生态系统",就当是一种市场调研。如果发现有一些已经绝版了的经典款仿品销量不错,自己干脆也复刻一下。

Kreuzzz现在推出的80%的款式是工厂生产无法完成的,也算是面对抄袭者的一种保护措施。除了造型,很多材料以及工艺也是自己开发的。2015年推出的Hazel beret这顶帽子是用羊毛和真丝纤维混合后染色而成，表面呈现发泡的质感，带一点光泽和凸起。我们用的是湿毡法，但由于帽子是立体的，所以完全是通过用手摸、揉来控制毡化程度，避免彻底变硬。这也是制毡比较有意思的地方。

除了羊毛，我们还做过兔毛毡帽。兔毛有一种丝绒般的高级质感，表面既光滑又细腻，我就尝试把一些器皿工艺移植上去。先在下面垫上一层夏布，然后用大漆沾了金粉往上刷，最后显露出来的是金色的苎麻织物纹理，表面还加了桐油，看着有点古旧。这种做法已经完全超越了正常的高级制帽工艺，但客人的接受度还挺高的。

我们的夏布来自"SUMMERWOOD-夏木"的易洪波，他对于与设计师合作抱有非常开放的态度，提供给我一些浏阳手工夏布的样布。夏布比较硬，可以做一些雕塑感强的造型，但不能像毛毡一样自由变形。之前还有一款是用好几层夏布碎片拼贴的，做得很累。这批作品在2015年的时候在北京铃木商店参加过一个夏布邀请展。今年，我又用日本宇治的"青土"夏布做了名为Pastry的系列帽款，这种夏布幅面窄，纤维细，色彩微妙又丰富，当然也更贵。

我很怕被称为"匠人"，手作人不一定就是大师，两者还是有区别的。我确实对制帽技术有追求，只是没有达到一种极致的状态。技巧的训练非常枯燥，得随着时间慢慢成长，

Pastry,
日本宇治"青土"夏布

每天缝一件东西,缝上二十年就可以达到精益求精,但从大脑愉悦程度上来讲,我可能更想要有一些新的创作吧。所以Kreuzzz并不依赖高级定制工艺,我们的长处在于设计与创作。如果客人突然提出要一顶奥黛丽·赫本同款的帽子,我们现在肯定也做不出来。

工作室里各式各样的楦型都是我从各地的古董市场和eBay上一个个找来的,二十世纪二三十年代的居多,现在会做帽楦的人已经很罕见了。但平时也不会特别常用到,毕竟戴帽不像从前那么讲究。传统制帽工艺繁复,精致的同时也比较脆弱,如今的楦型更加通用,佩戴习惯更加随性,帽子要经得起摆弄,网购渠道的货品还要受到物流条件的限制。所以我们一般不上硬浆,过于挺括的造型反而会让客人为难。另外还要适应国内的消费模式,比如澳大利亚的客人定制帽子的时候一般都是先量尺寸、选款式,过几周再来取;上海的客人更愿意直接选购现成品。

## 真正欢迎我的还是客人

帽子不是服饰中的必需品,但我观察一个人,首先是看帽子,这是一种职业本能。难看的帽子太多了,好看的

古董楦型

帽子比较少一点。如果看到一个人佩戴着一顶不合适的帽子,我就会觉得这个人是不是对自己的人生没什么想法。如果看到一个人的帽子特别考究,我就会觉得赏心悦目,心情特别好。

刚回来的时候对国内的情况并不了解,后来通过受邀参加一些商业品牌的活动,才知道国内的商业制帽其实发展得相当不错,工业化流水线生产,出口量大,资金雄厚。相对而言,独立制帽就比较少了,是国内时尚界首先接受了独立制帽。Kreuzzz是少数主要面向私人客户的独立制帽品牌,出品的都是日常帽,客人可以自己选择搭配方式,与高级成衣设计师合作的秀场款所占的比重并不大。真正欢迎我的还是客人,客人是不在乎Kreuzzz跟哪些时尚品牌走过秀或上过哪些大牌杂志的,她们只是关心"这个帽子我戴好不好看,什么材料做的?"所以应该说,一直以来都是那些非常忠实的客人通过口口相传支持着我们的发展。时间久了,有些客人会变成朋友,我觉得这是上海与国外挺不一样的地方。工作室所处的这个街区聚集了许多和我一样的创作者,她们是各行各业里非常出色的职业女性或独立女性,带给我很多启发。

所谓独立性,就是能不能不在乎别人的看法,摆脱一些行业规则的影响,不需要为了讨好谁而改变自己。正因为希望保持自己的独立性,所以工作室的自媒体账号一般不转发主流媒体关于我们的采访和报道。其实,我们在与媒体合作、与设计师合作以及进入买手店渠道等方面都很谨慎。一方面要充分顾及品牌调性的契合度,另一方面希望合作方能真正明白产品包含的价值。有时候,我会突然发现某款帽子一下子销量增长很快,原来是某位明星戴过了,但这也不会是我们刻意要去宣传或强调的东西。

**访谈时间:** 2017.01.10

# 澄怀格物

**品类：竹丝扣瓷、漆器**

澄怀格物产品的独特之处，在于低调内敛、温和厚重的物感。所谓物感，就是物体作用于心灵后产生的情感波动。

——复兴手工艺自媒体主理人 邵卓婧

王雨 80后狮子座·贵州遵义人
林瑾洪 80后射手座·福建莆田人

## 玩了之后就回不去了

**林瑾洪：** 我的祖父和父亲都是石匠，算是手艺人，他们还未成年就学会了打石，二十来岁时手艺已经相当了得。父亲给我大舅砌石房子，只凭着铁锤和石钻，全手工打制的石块垒起来严丝合缝，让乡里人赞不绝口，这是为数不多让我母亲

制作茶则 *

为他感到自豪的事。按现在的说法,我父亲算是有一种工匠精神。

我小时候就对手作很感兴趣。从前,每家每户需要新家具时都是请木匠师傅到家里来做的,我就津津有味地站在一旁看,嗅着杉木的香气,把玩刨出来的木花和木屑。可以说到现在为止,我一直最喜欢的手艺也还是木工。不过家人并没有让我去干手艺活,因为太苦了,他们觉得还是读书当官有前途,后来我就上了天津工业大学的工业设计专业。

我在大学里非常沉迷于设计和创意,在设计竞赛方面算是创造了学校的历史,拿过一个大中华区的金奖。不过,为此耽误了不少公共课。2010年,我到上海进了一家知名设计公司。老实说我不是很喜欢商业设计,所以最初是被这家公司自由和创新的风格所吸引,但进去后发现完全不是想象中的那个样子,还是一直做各种商业方案。于是四个月后,我就离开了,其间最大的收获就是认识了王雨。

**王雨:** 我父亲是做电器生意的,还有很多发明专利,比如冬天取暖的电炉和仿煤炉的电炉烤火器,可以一边烤火一边煮火锅。外公是物理老师,会自己做电灯,还会设计捕鼠器,一抓一个准。我小时候就在他的工作桌上写作业,经常写到

竹编工作台

编织 ☆

衿 ☆

苏州东山工作室的制漆阴房

一半就开始玩抽屉里的各种工具,像松香、夹钳、手枪型的打火机都是我的最爱。虽然和外公的交集并不那么多,但似乎有些东西刻在血液里,是怎么都抹不掉的。

我毕业于东华大学的工业设计系,专业方面除绘画以外并不特别感兴趣。但是我对机械制作情有独钟,也是东华机器人社的第一任女社长。我和瑾洪是同一天进的公司,之后他去了一家卫浴公司做设计,我留下来待了近两年。到2012年2月的时候,瑾洪辞职到全国各地寻访手工艺。三个月后,我加入了这趟旅程。

**林瑾洪:** 一开始我们其实是想旅游散心的,王雨提议能否游玩的同时顺便去拜访手工艺,这样可以玩得更有意义点。整个行程都是自费的,那时候胆子也大,一共就2万多块钱。虽然最初的目的就是出来玩玩,但是发现玩了之后就回不去了,已经深深喜欢上手工艺了。这就是我们的初心。

那时手工艺并不像现在这么火,只能在网上看到一些零星信息,所以走访路线是围绕非物质文化遗产名录来确定的。第一站是苏州,然后就去了江浙一带,接着是福建，西部和北方，差不多走了11个省市，寻访了70多种手艺，其中光是陶瓷就有十多个品种，接触过的手艺人加在一起有几百位吧。在整个过程中，我们通过自媒体陆续分享了一些见闻，也包括手艺人的联系方式，有些手艺人因此接到了不少订单。我们的微博名称原来叫"百年设计"，推崇那些历久弥新的经典设计。到2013年除夕的时候，改成了现在使用的"澄怀格物"，取自金圣叹评点《水浒传》之语，意思是不带成见地去探究事物。

从寻访到学艺花了将近四年，其间压力很大，父母和朋友中存在许多不理解的声音，但也有一些朋友羡慕我们的自由状态。我们后来做了一个漆碗送给王雨的外公当饭碗，家人都挺喜欢，岳父还拿在手里摩挲了很久。

## 并不是一个轻易的决定

**王雨：** 在寻访的过程中，我们也逐渐有了学习传统工艺的念头，想从一个自己喜欢的，但又不特别热门的方向入手。当时"上下"的瓷胎竹编茶具已经出现了，对我们也有一些启发，也想过自己设计后找人代工，但深入寻访之后发现类似的代工模式并非最优之选，于是就下决心去成都拜师学艺。按理说，一个手艺就足够做一辈子了，而我学了两个。我先是跟随谭代明老师学习了一年的竹丝扣瓷，在这项工艺中，竹编是附属于瓷胎的，本身不能自成一体。所以我还是想再学一项自由度更大的工艺，于是又跟随宋西平老师和付贤芳老师学习了两年漆器。在这几年间，我都是她们唯一的学生，所以老师们可以说是倾囊相授，手把手地教，我们对此一直感念在心。

谭代明老师是省级非物质文化遗产传承人，央视《手艺》频道曾拍摄过她。我们遇到谭老师的时候，由于整体市场环境的关系，产品销量并不好。"上下"为这门手工艺造出声势之后，最出名的也不是她，但谭老师手上功夫公认是最好的。

竹丝扣瓷上手其实不难，对于初学者，最难的是翻底。编完了之后，竹丝要不断不裂。我当初编了四个，谭老师才说合格。出师后，我们还自己学着做竹丝，现在制作杯子的竹丝都是我们自己劈篾的，粗细程度有3号到6号不等，学习时用0.5毫米左右的3号丝，现在用最细的6号丝，规格在0.2-0.3毫米之间。现在我觉得最难的是如何把竹丝编得既匀又细，还不透色。

宋西平老师为人特别热情、直爽，没有老师的架子，作为国家级的非物质文化遗产传承人，她真心希望徒弟能继承她的手艺，只是不少人学成之后看到不易赚钱就转行了。我和漆工师傅付贤芳老师相处的时间是最长的，几乎天天待在一起，她对工艺的要求非常严格。做漆容易过敏，第一次做漆之后大概个把月，早上起来突然发现脸肿得跟猪头一样，非常非常痒。我就给师父打电话，老师说要不今天你就别来了，最后我还是去了。还好是冬天，戴个大帽子。打过敏针加上冰敷的方法能消肿，但免不了反复发作，只是程度上会轻一些，我到现在都还没完全克服过敏。学漆极为艰苦，除了过敏这道门槛，学徒期间干得最多的就是打磨，有时甚至连续一两个月天天把手浸在水里磨漆器，以至于到了夏天，手上还开了好几个冰口，但是看到器物出来之后那么美，又觉得很值。在学习漆器大概半年之后，我就可以帮宋老师做东西了，也就代表师父认可我了，但自己觉得还没学够，就又接着学下去，一直到2015年才算正式出师。宋老师其实有留下我的打算，包括之前的谭老师也想收我做关门弟子，所以离开她们并不是一个轻易的决定，内心里至今还是觉得挺对不起老师的。

**林瑾洪：** 宋老师也问过王雨，在上海月薪可以拿到多少。老师的意思是如果她承担得起，就希望王雨能留下来，但老师也不容易。走的时候，宋老师送了我们三个金丝楠木做的方盒木胎。制作棱角分明的方器是漆器工艺的难关，因为漆器最忌讳有边角的东西，一旦有边角就容易填灰，形态软塌塌的，器形也就不挺拔了。宋老师是希望有一天我们能够把它做出来。

漆碗裱绸 *

素黑漆碗 *

素黑漆盏 *

167

2015年，我们离开了成都。最初还是想回上海开工作室，但是走在地铁里，发现行人的步伐都那么快，一下子就感到非常不适应。回忆以前在这座城市上班的时候，天天在宜山路一带挤地铁，这种快节奏生活已经离我们远去了。于是经朋友介绍就到了苏州，一个可进可退的城市，挺好的。

## 把简单的东西做到极致

**林瑾洪**："衿"是我们推出的第一个瓷胎竹编产品，造型概念来源于服装腰带。整个开发过程历时四年，可谓精雕细琢。最特别的地方是选择用紫砂做胎，这是因为考察一圈下来，发现只有宜兴紫砂能达到我们需要的加工精度，一般的陶瓷拉坯实现不了。为了让编织后的竹丝能与杯面齐平，凹槽仅有0.4毫米的深度。这样在不用胶的情况下，上下都不会脱落。之所以这样设计，是因为不想将杯身全包，而是追求一种留白效果，能看得出紫砂的质感。另外杯口是微微内收的，比下端少1毫米，很多地方也加工不到这个精度。每个杯子光是竹编就需要一周，一年大概只能做到20个左右。

漆器工序复杂，大小工序至少几十道。我们第一批漆器作品以漆碗开始，前后断断续续差不多做了两年，以钵、盏、碗为造型的素黑漆器。说到漆器工艺，每个漆器产地都有自身特色，而雕花填彩是成都漆器最出名的工艺，具体又可以分为雕漆填彩、雕锡填彩和雕漆印花等，王雨的雕工很好，但制漆才是其中的核心。为了学会制漆，我们等待了很长时间。宋老师通常都不会教这个，她后来讲是在被我们诚恳认真的学习态度打动之后，才决定传授如何调制胶漆的工艺。后来，我们也曾随割漆人进山，炎炎夏日，辛苦异常。目前制作一个素器至少要半年，如果是带复杂花饰的就可能要一年左右的周期。

现在品牌化的手艺制品越来越热，使手艺人有了一些实实在在的利益，但同时也有一些做得太粗糙的手艺制品,并不能代表这个时代的工艺精髓,甚至相互压价。这样一是牺牲了产品质量,二是剥削手工艺人,会导致恶性循环。所以即使现在做得慢,我们也从来不考虑降低成本,只会想办法把东西做到最好。我相信只要能做到这一点,需求自然就会增多。

**王雨**:我们的工作节奏就是慢工出细活。一般瑾洪设计,我做工。虽然有订单的压力,但这活不能急,很多事就是要慢慢做。但做得太慢也不行,一方面出货量小;另一方面做得太细,耗工耗时,价格就高,消费者也就少了。

客群中有一部分是属于古董圈的,他们很喜欢,但设计师可能会觉得比较中庸,甚至有年轻人来问"亮点在哪里"。其实,我们的理想是把简单的东西做到极致,追求的是经典,而不是时髦和短暂的"亮点",所以美学上会倾向于实用、简洁和耐看,减少匠气的装饰。

中国漆器传统上臻于完美,现在流行的一些具有缺陷美的作品是受日本文化的影响。我们更欣赏的是文人气的内核,但这种东西只可意会不可言传。所以我们平时除了钻研手艺,对中国传统文化也情有独钟,喜欢文人器物和古琴、茶道等生活方式。像目前居住的苏州东山一带有很多人从事古家具的收藏和制作,我们有机会就上手去学,这对自己的设计直觉有重要影响,希望做出来的东西能有一种可以传承百年的精神气质。

访谈时间:2016.06.30

割漆 *

# Lunéville

品类:刺绣、服装

和那些鲜亮的奢侈品专卖店相比,Lunéville刺绣工作室显得颇为低调。但实际上,这里却在创造着另一种不可多得的奢华,每一针、每一线里都隐藏着惊人的历史。

——资深媒体人、专栏作家 陈琳

张晓星Ada 80后处女座·浙江温州人
宋亚樵Rexy 80后摩羯座·台湾人

Level6—《权力的游戏》*

## "首席绣郎"和"首席绣娘"

**Rexy:** 我是台湾人,九岁时来到大陆,在苏州长大。小时候,家里有间店开在十全街,那条街上出售很多苏绣产品,所以算是接触过刺绣,但并没有专门去了解和学习。初中快毕业时,一个人去了新西兰,在那边读的高中和大专,专业是服装设计和裁缝。在新西兰的时候,我在婚纱裁缝店做过助手,还在港式烧腊店打工。2009年,我又去伦敦时装学院读了工业服装设计,因为有一点服装基础,所以一进去就跳了一级,从大二开始读,就是在那个时候认识Ada的。

读书的时候,对高级定制或刺绣有一种憧憬,觉得神秘又特别。学期中间放假的时候,我们两个曾一起去Hand & Lock刺绣坊学习。这家工坊在英国大概已经有250年的历史了,专门做王室的徽章和军服。后来我还到Alexander McQueen实习,比较难忘的是刚进去就做Lady Gaga的衣服。有一首MV叫《Alejandro》,她在里面穿了一件黑色的斗篷,我们二十几个实习生一整个礼拜

为谭元元定制的礼服*

都在缝制那件斗篷。每天都是9点15分前到公司，一直做到凌晨3点结束，好几个人拼一辆出租车回家。我在Giles Deacon也实习过，后来转正做助理。一共帮他们做了两季的系列，主要工作就是面料的设计和处理，从而接触到了更专业的刺绣知识和技术。我真正对刺绣产生兴趣就是在这段时期，合作过的供应商包括SWAROVSKI等。为了钻研更多，在工作了将近两年之后，我带着一点小积蓄又跑去巴黎，到法国刺绣顶级工坊Lesage学习，在那里呆了四个多月，完成了150个小时的专业课程。

**Ada:** 我出生在一个典型的温州商人家庭，因为家族的鞋业缺乏设计，父亲最初希望我能成为一名鞋履设计师。当他发现我爱上服装以后，转而大力支持并为我规划路线。高中毕业的那个暑期还替我报了服装制版课程，这使我在伦敦时装学院就读期间比一般的学生轻松了很多。我是2008年入学的，和Rexy同期毕业。在伦敦实习期间，我曾在Charles Anastase、Alexander McQueen、Vivienne Westwood任职，负责协助设计和刺绣开发，并成为Charles Anastase当时唯一的付薪实习生。毕业之后，我先在欧洲旅游了一年，2013年底又去巴黎Lesage学刺绣，那时Rexy已经回来了，所以我们在Lesage不是同期生。从法国回来后，我和先生在温州办过一个婚纱礼服私人定制工作室。

**Rexy:** 我是2013年到的上海，先在Masha Ma做过一年多时间的设计助理。然后以freelancer的身份接过一些设计案。其间一直和Ada保持联系并初步商量了一些合作计划。2015年7月，Ada决定结束掉温州的工作室，我们就开始一起在上海创立和运营Lunéville了。Lunéville出去的刺绣作品都是由我们两个设计开发的，偶尔开玩笑的时候，我们会自称"首席绣郎"和"首席绣娘"。但实际上，我们两人的个性和强项不太一样，我比较能谈理想、"画大饼"，Ada的作风更加雷厉风行。

位于武夷路的工作室一角 ————

## Lunéville的竞争力在于设计

**Rexy:** 当时去Lesage的中国学员并不多,像这样引进工艺技术并发展为自己的事业的,我们应该是首家。刚开始的时候规模很小,就在我家客厅,只摆得下两个绣架,2015年底正式推出系统的刺绣课程。Lesage有一个很好的教学模式供我们参考,也分九个不同的level,每个level该有的技术,Lunéville都有。但我们会在这个基础上融入更多中式、日式和英式的针法,并结合国际时装流行元素和喜欢的艺术题材来设计图案。

**Ada:** 我们根据针法的难度科学地来安排教学内容,学员们一个Level一个Level地往上学,不断巩固前一个阶段的技能,并在此基础上教新的东西,循序渐进。据我们所知,目前市面上几乎没有像我们这样有能力推出系统课程的钩针教学机构,倒是有很多去欧洲学习以后完全照搬的抄袭者,其中不乏只是学了半吊

《缕薇传》绣品*

《缕薇传》试样

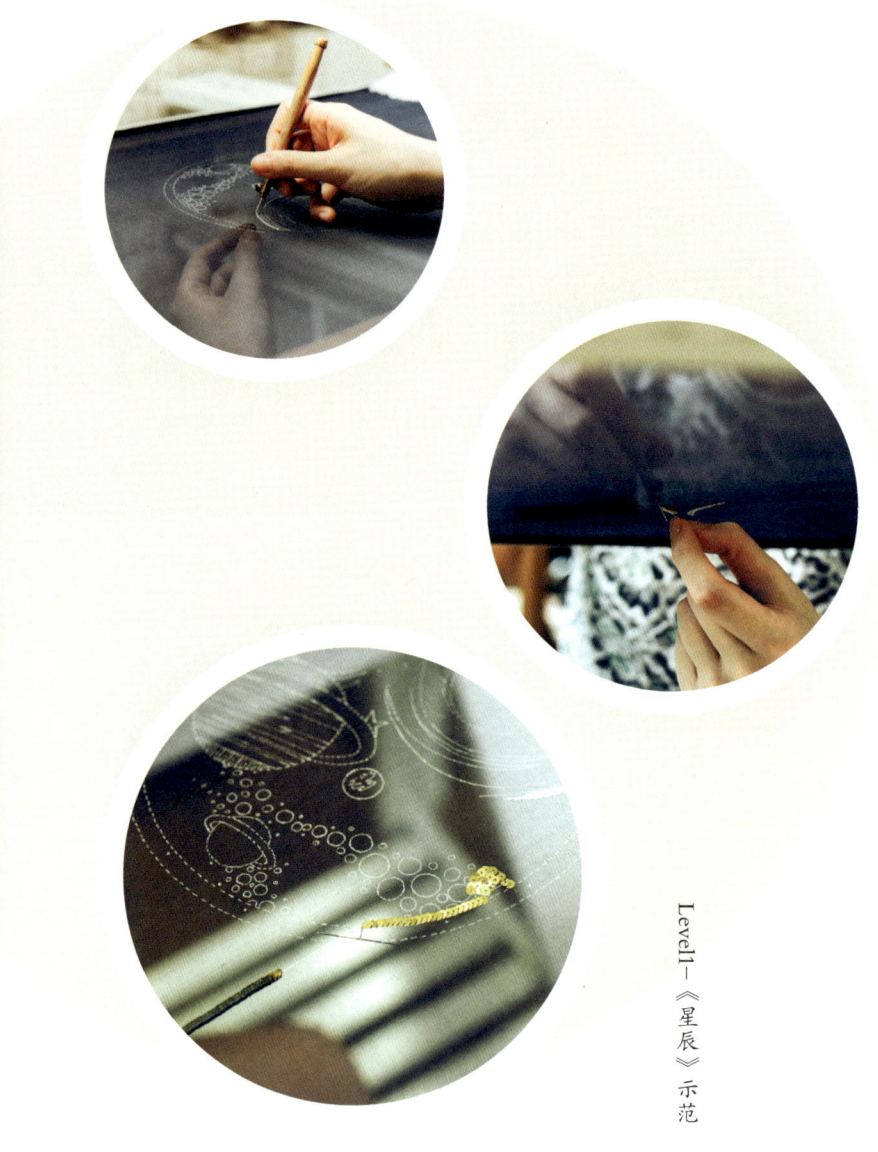

Level1—《星辰》示范

子或单个兴趣课程的，缺乏职业操守，容易误导学生。

**Rexy：** 在Lesage学习的有年轻人，也有拿着放大镜的白发老人。而来Lunéville的学员年龄大概在十几岁到四十几岁之间，其中有不少男性学员。我们曾统计他们的职业，结果发现服装专业出身的在校生及与职业人士大约占到一半，其中有一些还是伦敦时装学院的学弟学妹。剩下一半就比较多元化，其中最特别是不少来自金融界的女生。我问过她们来学习刺绣的原因，她们说上班时整天面对电脑和数字，太枯燥了，所以想和姐妹们一起来学点有趣的、美的东西。我们教课的时候会提供一个Sample，同时也强调个性和自由，并不要求学员做得一模一样。但从事金融的女生在这方面非常执着，珠子的配色、方向和间距都追求与示范作品的高度一致，而专业出身的学员就表现得更随性一点。

**Ada：** 我们所教的技艺源自Lesage，用的基础针法是锁链绣，也被称作棚子绣花针法，像锁链一样，也像一片接一片的花瓣，本身并不复杂。我个人比较喜欢爽快利落的钩针，但用手针其实也能达到同样效果，只是在速度上会有差异。与国内刺绣相比，法式刺绣强调创新，有较多立体化的呈现和多元材质的融合，像Rexy就很擅长欧根纱捏花造型。

Lesage是法式刺绣最传奇的刺绣工坊，它的名气和Chanel连在一起。Lunéville在前期确实通过与Lesage的渊源获得了一些媒体上的曝光，但我们不会只停留在Lesage的刺绣技法上，更不担心会被人学去。Lunéville的竞争力在于设计，我们的知识背景非常有助于融合中西方工艺的刺绣创新。现在的团队里也有做苏绣、湘绣的，最近在尝试把法式刺绣与中式、日式、英式刺绣结合，推出一批能体现创新性和实验性的作品。

**Rexy：** 另外，我们也需要进一步适应国内的产业环境。我们在制作中会大量用到进口材料，如法国的亮片、新西兰的贝壳、印度的金属丝、日本的贝壳和珠子等，当然也希望能在国内找到合适的供应商，这样会降低很多成本，但目前还比较

法式钩针刺绣课 *

困难。比如我们从法国购买的亮片,边缘切得非常整齐,中间的洞很小,光泽度和光滑的质感与国内产品有很大差异。我们也曾请工厂尝试生产,但他们的加工精度还达不到要求。

## 我们想做有灵魂的东西

**Ada:** 国内不少设计师想通过与我们合作,将高级定制的做法引入到他们的品牌中,但往往没有真正了解技艺的难度、过程及背后所要付出的心血,造成双方在价格方面达不到一个平衡。我们想做有灵魂的东西,但很多设计师把我们当成加工厂,一是希望压低价格,二是不希望出现Lunéville的品牌,以免客人知道产

Poker Face 绣品*

品是由我们完成的。但同时,他们对我们的依赖性又很强,缺乏刺绣图案的设计能力。刺绣,其实就如同打版和缝纫,如果服装设计师不了解这些基本的工艺技术,做设计的时候就会显得空洞。所以我们会谨慎地筛选合作方,找到可以达成共识的设计师。

**Rexy:** 能和设计师品牌合作当然是一件好事情,也是我们一直探索的方向。设计师来找Lunéville,通常是想获得被Chanel所采用的刺绣工艺。但国内的设计师和我们原来在英国接触的设计师感觉不同,对高端手工艺的信任度比较低,并不容易达到如Chanel与Lesage那样的一种紧密合作关系。所以我们开设刺绣工坊的一部分目的就是为了能让设计师亲自体验到高级定制背后的心血和价值。有一位伦敦的设计师朋友在上海做自己的品牌,他来学习过刺绣课,体会到我们的用心,就愿意把面料、材质交给我们设计与制作,双方合作起来非常顺利。

**Ada:** 相对于设计师品牌,反而是来定制礼服、婚纱的客人更具有信任度和宽容度。他们都是颇具品位的私人客户,虽然没法用某种统一的身份特征来描述,但他们显然更能理解和认可刺绣背后的心血和人工价值。我们会花很长的时间和客人沟通,了解他们的需求,再告诉他们我们的想法。很多客人会主动提出增加刺绣量,但通常我们不建议他们这么做,我们更推荐协调的构图比例。

法式刺绣的技法原本是从印度通过丝绸之路传到法国,经过不断改进才慢慢发展成他们自己的文化。希望多年之后,后人提及法式刺绣在中国的传播和推广也有我们的一份功劳。

访谈时间:2016.07.19

# Fete workshop&store

品类：植物染、皮具、编织

席德（孟艺洋） 80后巨蟹座·上海人
范范（范佳羚） 90后狮子座·上海人

> 传统的手工艺人只专注一种工艺，时常模糊作品与产品的界限。Fete的方式则有所不同，他们转化复杂专精的工艺，通过自己的实验，把体验传递给更多的人。
> ——以设计为原点的多领域研究与实践者 厉致谦

## 发生好玩事情的地方

**席德：** 我原名叫孟艺洋。每次自我介绍的时候都会说"艺术的艺，海洋的洋"，听上去有点太文艺了，所以就把英文名Syd音译为"席德"。从上海应用技术大学会展专业毕业以后，我做过一段时期的公关活动，之后加入一家众筹网站担任项目主管，同时一直在学习设计的一些相关知识。这家网站是孵化设计创意项目的平台，陆续有资金投进来，由此结识了很多设计师和手作人。手艺和产品是他们的谋生智慧和生活方式，可能现在这方面谈得比较多了，但当时对我来说就像是一种启蒙，让我意识到生活的另一种可能性。

　　网站2013年结束以后，我们先和一家餐厅合作过一个叫JueLAB的工作坊，后来更名为Fete workshop。Fete应该是上海第一批推出植物染课程的手作教室之一，当年没有多少经验可循。有位同事因为老家是贵州的，手上有一些植物染的传习资源。我们通过他初步了解了一下，发现这种方式可能不够系统。手艺人头脑里所形成的经验因为种种局限，很难有效地传授给外人。后来我们就在一个更大的知识系统中开始自学，主要使用台湾地区和日本的书籍和网络资料，也通过去那边实地寻访积累了不少经验。现在，植物染已经发展成为我们最受欢迎的课程了。

　　爸妈其实年轻的时候也是做印染的，

Fete 服饰 *

妈妈是第二丝绸印染厂的,爸爸是纺织局的。他们以前还自己做过一批丝巾,出去摆过地摊,但是觉得不好意思,仅出摊一天就没有继续下去。这其中隐含的联系,我也是做了染布以后才意识到,觉得挺好玩的。父母现在仍会热心地帮我出些点子,但不会干涉我的想法,他们希望我可以做自己喜欢的事,不要像他们年轻时那样因为客观条件限制而放弃梦想。

**范范:** 我毕业于华东政法大学文化产业管理专业,虽然在很多事情上没有什么耐心,但喜欢做一些手工的东西,自己也觉得在这个过程中比较能够安静下来。大学期间,通过一个设计师产品的展览,我由此了解到这家众筹网站,接着就去实习并结识了席德,后来一起做了JueLAB和Fete。

长袍*

Fete的原意是"游乐会",也具有from experiment to experience的含义,并非只是简单的手作教室。教室是求学的场所,Fete则是一个发生好玩事情的地方。我们更注重提供一种从工艺到成品的体验,让学员们通过一堂课就能完成一件可穿戴的围巾或T恤等。另外,体验课程有消遣娱乐和社交聚会的功能。学员的职业以白领居多,一般在25至40岁,也有一些服装、服饰专业的学生。很多人结伴来上课,下课后又会一起用餐,愉快地度过闲暇时光。

通常,席德负责教染布,我负责教皮具。除了常规课程以外,我们也经常邀请其他手作人合作开发专题类课程。采取这些开放性的做法和自己的性格也有关系,我们两个总是愿意尝试各种可能性,并不是那种一件事情专注做上几十年的"匠人"。

染布的手

位于富民路的工作室

## 工作坊和产品两条线

**席德:** Fete刚成立的时候,上海还很少有染布和皮具的课程,市场需求很火爆,每次开课24席总是不够,需要额外加座。但很快就出现了一批竞争者,他们通过刻意压低价格,不惜成本地抢占市场。事实上,根本没有人能独占市场,但事情

蓝泥
indigo 200g
烧碱
7311
靛蓝
植物染料
indigo
natural dye
creator kit
fete

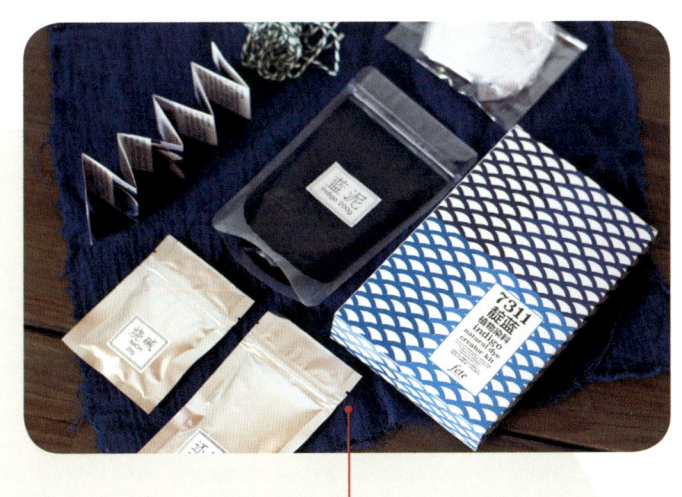

蓝染材料包*

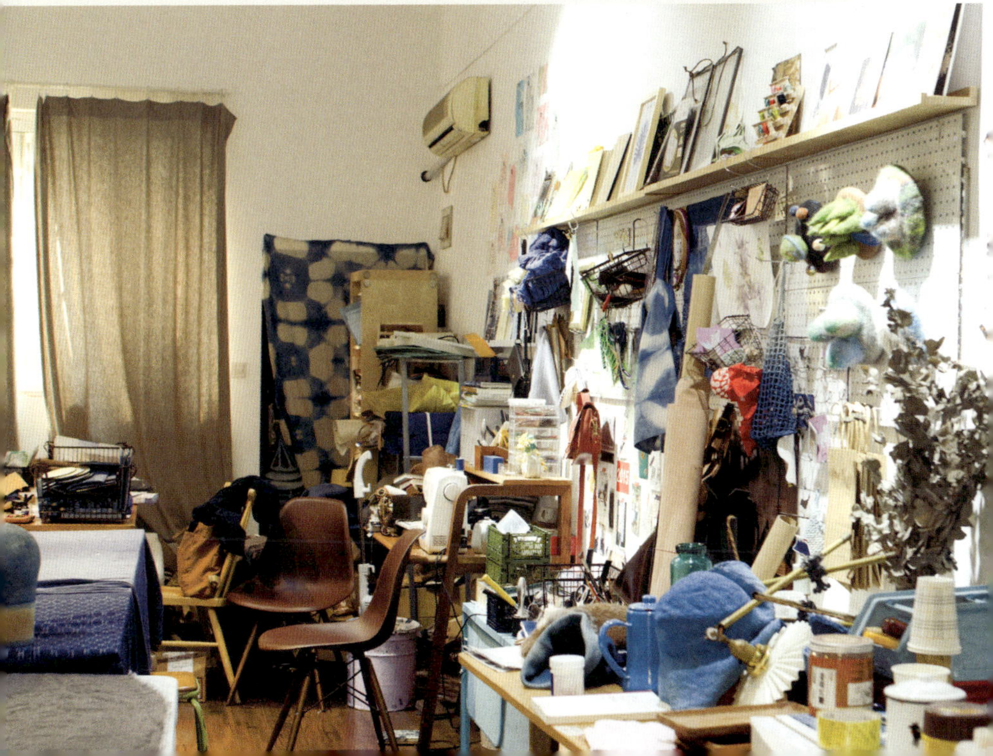

就这样做烂掉了。这两年,我们发现学员的需求在逐渐变化。比如在最近开设的四天植物染系统课中,来参加的基本上都是已经涉足相关事业领域的人,包括准备开设植物染坊的农场主、计划开设公开课的学校教师以及和我们一样经营手工作坊的人等等。他们更关心的是如何能将手作体验内容与目前的事业领域结合起来,而不是简单的工艺"解密"。

因此,Fete workshop的发展方向也随之做调整,开发一些高端课程,向学员们提供更加深度和专业的体验。此外,与各种商业、文化空间以及市集合作可能是Fete workshop的另一个增长点。城市空间急需填充内容,上海这方面需求挺多的,不少合作项目会自己找过来。比如我们曾与杨浦区"创客嘉年华"联合推出超大规模的手作游乐会,在两天的时间里邀请朋友们与我们一起轮流举行蓝染、皮具、花簪、版画、植物标本等各种类型的工作坊,效果很好。

2014年是一个重要的转折,我们成立了Fete store,推出了自己的品牌服饰。蓝染是主线,也是一个标志性的符号,但Fete store并不是依据工艺生发出来的概念,那种非常具有"蓝染"感的民族风服装会比较挑人。我们想做的是适合年轻人日常穿着的欧式复古服饰,在日常服装的基础上加入一些独特的手作元素,比如每一片口袋拼贴都是扎染的,带来一点小小的变化。对我来说,这么做远比扎染一条重工艺的裙子难得多。因为从工艺流程上来说,必须先染布,并且规划好尺寸和面料;而如果做所谓重工艺的东西,只需要把一件现成的白衣服扎起来直接去染就好了,当然染色也有多种方法。我们未来会尝试开发更多的原创面料,自己设计图案和手工染色,然后再送到工厂生产服装。

**范范**:Fete现在正处于从workshop到store的转型和过渡阶段,体验课程和自有产品的比例各占一半,都有淡旺季。比如冬天的课程参与人数较少,但这个季节恰是产品的销售高峰期,所以从经营角度来说,开发产品也是必须要做的事。workshop和store是相互支持的,植物染课程之所以比重最高,就是因为我们持

蓝染布的制作过程

187

续推出蓝染系列产品,很多人也是通过购买蓝染服饰才了解我们。在自有产品里,蓝染材料包也是最成功的。体验课因为受到地域限制,参与的学员大多来自周边省市,那么不能来上课的人怎么办呢?我们开发了一款线上销售的材料包,不光提供"材料",更包含入门的教学内容,希望他们可以在家里做。今后,我们也会开发线上课程,把课程做成一种标准化的"产品"。

## 手作就是一种自我实现的手段

**席德:** 2014年到2015年,手工作坊一下子爆发式增长。我们算是进入比较早的,经常被身边的朋友们咨询如何开展工作坊的问题。但媒体报道和现实情况并不是一回事。如今所有的媒体都在谈论"匠人",可我觉得能被称为"匠人"的至少得是从业十年以上,现在仍身体力行的手工业者。如果以这个条件来衡量的话,把很多人冠之以"匠人"的名号,实在是非常勉强的事情。更何况在我们看来,匠人还应该是具有一定设计思维或审美追求的人,而不仅仅只是从事加工或技艺展示,能符合这个标准的人就更少了。在我看来,多数人其实只是在重复他已经掌握的技能,而缺少精益求精的追求。

就像有越来越多的人开始学习烘焙或烹饪,"做衣服"以后可能也会重新回归日常化和大众化。拥有这种把控能力能让我感受到更多的自由和安全,在社会赋予的成规和自己存在的意义之间找到平衡。从这个意义上说,手作是一种自我实现的

雪花绞染布

书籍装帧工作坊 *

蓝染纽扣

手段。比如当我开始制作面料时，就可以摆脱工厂在起订量上的限制，放手去实践内心的想法，因为再小的量，哪怕一米、两米自己都可以做。

我最近意识到自己可能是一个形式主义者，喜欢那些隐喻的东西和奇奇怪怪的象征符号，但又不愿去追根溯源。比如世界各地都有蓝染，在中国发展出蜡染等一些民族图案，但在非洲就变成了大圆点。令我着迷的就是这种形式上的演变与差异，从中可以看到手工技艺的共通性和多样性。

**范范：**我个人比较喜欢探究事物的规律性。无论是皮具还是染布，这些手作方式都不是我们发明的，它们很早就存在于前人的生活中。作为后辈的我们，通过不断的学习和制作可以从中领悟到一些相通的技巧。只有掌握了这些确定性的规律，它才能真正转变为属于我们自己的东西。我就是这样通过手作的过程，得以认识到物的本质，并建立起与整个世界的联系。手艺人的身份让我更了解自己，并从中获得存在感、满足感和安心感。

访谈时间：2016.11.04

## 图书在版编目(CIP)数据

上海独立手作 / 张磊 孙俐 编著. —— 上海：上海文化出版社，2018.2
ISBN 978-7-5535-1007-1

Ⅰ.①上… Ⅱ.①张… ②孙… Ⅲ.①手工业者-介绍-上海-现代 Ⅳ.①K828.1

中国版本图书馆CIP数据核字(2017)第304493号

| | |
|---|---|
| 责任编辑 | 杨 婷 王 睿 |
| 特邀审读 | 王瑞祥 |
| 整体设计 | 周艳梅 |
| 督　　印 | 张 凯 |

| | |
|---|---|
| 书　　名 | 上海独立手作 |
| 著　　者 | 张磊 孙俐 |
| 出　　版 | 上海文化出版社 |
| 出　　品 | 上海故事会文化传媒有限公司 |
| | (200020 上海市绍兴路74号 www.storychina.cn) |
| 发　　行 | 上海文艺出版社发行中心 |
| | (上海市绍兴路50号) |
| 印　　刷 | 上海中华商务联合印刷有限公司 |
| 开　　本 | 889×1194　1/32 |
| 印　　张 | 6 |
| 版　　次 | 2018年2月第1版 |
| 印　　次 | 2018年2月第1次印刷 |
| 书　　号 | ISBN 978-7-5535-1007-1/TS.045 |
| 定　　价 | 45.00 |

版权所有 翻印必究

**故事会** 大众文化出版基地　上海故事会文化传媒有限公司 出品(00714) www.storychina.cn

上海故事会文化传媒有限公司所有图书可办理邮购，免费邮费(挂号除外)
汇款地址：上海市绍兴路74号(200020)
收款人：上海故事会文化传媒有限公司出版发行部
联系电话：021-64338113
如发现本书有质量问题，请与印刷厂质量科联系　T：021-58925888